# 湖湘 好家风

湖南省湘学研究院 ◎ 主编

湖南省社会科学院（湖南省人民政府发展研究中心）
哲学社会科学创新工程资助项目重大项目（23ZDA14）

湖南人民出版社·长沙

# 前言

　　"积善之家，必有余庆；积不善之家，必有余殃。"[1]以德行修养为核心的家教、家风，是一个家庭兴旺的重要保障。"一家仁，一国兴仁；一家让，一国兴让。"[2]家庭是社会的细胞，家风是社会风气的重要组成部分，家风好坏关乎社会文明程度。"天下之本在国，国之本在家"[3]"古之欲明明德于天下者，先治其国。欲治其国者，先齐其家"[4]，中华民族历来注重家庭家教家风建设，将之作为国家治理的基石。

　　党的十八大以来，习近平总书记高度重视家庭文明

---

① 〔宋〕朱熹：《周易本义》，中华书局2009年版，第47页。
② 〔宋〕朱熹：《四书章句集注》，中华书局1983年版，第9页。
③ 〔宋〕朱熹：《四书章句集注》，中华书局1983年版，第278页。
④ 〔宋〕朱熹：《四书章句集注》，中华书局1983年版，第3页。

建设，围绕家庭家教家风建设发表了一系列重要论述。他指出："家风好，就能家道兴盛、和顺美满；家风差，难免殃及子孙、贻害社会……诸葛亮诫子格言、颜氏家训、朱子家训等，都是在倡导一种家风。毛泽东、周恩来、朱德同志等老一辈革命家都高度重视家风。"①"家庭教育涉及很多方面，但最重要的是品德教育，是如何做人的教育。也就是古人说的'爱子，教之以义方'，'爱之不以道，适所以害之也'。"②党的二十大首次把"家庭家教家风建设"写入党代会报告，将之作为提高全社会文明程度的重要内容。

2023年6月26日，中共湖南省委书记沈晓明在主持十二届湖南省委理论学习中心组第十九次集体学习"以学正风"专题研讨时强调，全省各级党员干部特别是领导干部要注重家庭家教家风，当好良好政治生态和社会风气的引领者、营造者、维护者，让务实之风、清廉之风、俭朴之风成为全省上下的普遍自觉。③在湖湘文化的长河中，一

---

① 中共中央党史和文献研究院编：《习近平关于注重家庭家教家风建设论述摘编》，中央文献出版社2021年版，第24页。
② 中共中央党史和文献研究院编：《习近平关于注重家庭家教家风建设论述摘编》，中央文献出版社2021年版，第18页。
③ 《把正党风强党性严党纪有机结合起来 让务实清廉俭朴之风成为全省上下的普遍自觉》，《湖南日报》2023年6月27日第1版。

直有着优良的家风传世。从中华文明始祖之一舜帝到湖湘学派的开创者之一胡安国，从明末清初的启蒙思想家王夫之到晚清理学经世派代表人物左宗棠，再到革命前辈毛泽东、刘少奇、任弼时、胡耀邦、林伯渠、谢觉哉……传统家风与红色家风在湖湘大地交相辉映，极大地影响了人民群众日用而不觉的共同价值观念，在营造良好的党风、政风和民风过程中发挥了重大作用。研究发掘湖湘好家风，为推进新时代家庭文明、社会文明和政治文明建设提供湖湘文化智慧和精神力量，是积极响应党中央号召、贯彻落实习近平总书记重要讲话精神，落实中共湖南省委部署及省委书记沈晓明指示的一项重要工作。为此，湖南省社会科学院（湖南省人民政府发展研究中心）依托哲学社会科学创新工程，组织湖南省湘学研究院相关专家学者，深入挖掘湖湘优秀家风资源，共同编撰了《湖湘好家风》这本小书。

湖湘家风特色鲜明、内容丰富，涉及时间长、人物多，无法一一予以介绍。本书仅选取相对具有特色的红色家风代表和传统家风代表，并尽可能用通俗化的语言对这些湖湘好家风作简明的勾勒，以便将湖湘好家风呈现给读者，为读者所熟悉，让读者有收获。不足之处，敬请批评指正。

本书由湖南省社会科学院（湖南省人民政府发展研究

中心）党组书记、院长（主任），湖南省湘学研究院院长钟君策划执行，在二级研究员刘云波的指导下完成。具体编撰分工如下：

李斌：第一章；张建坤：前言、第七章、第九章、第十一章；马延炜：第二章、第六章；张凯：第三章；毛健：第四章；李超：第五章、第十二章；张江洪：第八章；郭钦：第十章。

# 目 录

## 上 篇

## 五、 林伯渠："做人民的勤务员"

## 六、 谢觉哉：用纪律规范亲情

## 下 篇

十二、"黎氏八骏":"孝悌传家根本,
　　　　诗书传世文章"

上篇

# 一

## 毛泽东

重情执理 伟人风范

毛泽东（1893—1976），湖南湘潭人，伟大的马克思主义者，伟大的无产阶级革命家、战略家、理论家，是马克思主义中国化的伟大开拓者、中国社会主义现代化建设事业的伟大奠基者，是近代以来中国伟大的爱国者和民族英雄，是党的第一代中央领导集体的核心，是领导中国人民彻底改变自己命运和国家面貌的一代伟人，是为世界被压迫民族的解放和人类进步事业作出重大贡献的伟大国际主义者。

天下之本在国，国之本在家。一代伟人毛泽东的家风家教具有鲜明的时代气息、个体特征和价值追求。毛泽东出生在国家动荡、民族危难之时，少年毛泽东抱着一颗同情、慈悲、善良之心，对周边穷苦的乡亲伸出无私援助之手。这种心怀大爱、无私奉献的品格，就像一颗种子，在毛泽东心中慢慢生根、发芽、开花、结果……毛泽东是一个可亲可敬的父亲，一个有血有肉的人民领袖，他对亲友的一言一行，是一位无产阶级革命领袖家教家风的具体体现，更是亲情伦理思想史上新的华美篇章。

005

## "不要那种无着落的与人民利益 不相符合的个人主义的虚荣心"

毛泽东的一生无不闪耀着理想信念的伟大光辉。少年的他，志向高远，不甘平庸，走出乡关，走向更广阔的世界；青年的他，怀抱救国救民之志，意志坚定，勇敢向前，选择马列主义，走上了无产阶级革命道路。此后，他对共产主义的信仰从未变过。他曾说："现在的世界，依靠共产主义做救星；现在的中国，也正是这样。"①

在子女的教育上，毛泽东一直把理想和信仰教育放在第一位。他告诫子女们，要做一个无产阶级知识分子，就必须有马列主义的世界观，任何时候都不能背叛党、背叛人民。理想和信念坚定后，还需要有坚持不懈、勇往直前的品格作为保证。毛泽东在教育子女时对此倍加关注。他在写给长子毛岸英的信中说："一个人无论学什么或作什么，只要有热情，有恒心，不要那种无着落的与人民利益不相符合的个人主义的虚荣心，总是会有进步的。"②毛

---

① 毛泽东：《毛泽东选集》第二卷，人民出版社1991年版，第686页。
② 中共中央文献研究室编：《毛泽东书信选集》，人民出版社1983年版，第286页。

泽东的循循善诱和良苦用心，在子女们心中打下了深深的烙印，成为子女们受益终生的宝贵精神财富。

毛泽东经常对子女们说："为人一定要立志。"女儿李讷的身体一直不太好，经常害病，为了鼓励她战胜疾病，毛泽东经常给她写信，告诫她要锻炼意志。他说："害病严重时，心旌摇摇，悲观袭来，信心动荡。这是意志不坚决，我也尝尝（常常）如此。病情好转，心情也好转，世界观又改观了，豁然开朗。意志可以克服病情。一定要锻炼意志。你以为如何？"①在他看来，在疾病面前，对症下药固然重要，但是意志力同样也起着治疗的作用。只要意志坚定、乐观向上，就一定可以克服病情。在写给儿媳邵华的信中，他又说："要好生养病，立志奔前程，女儿气要少些，加一点男儿气，为社会做一番事业，企予望之。"②

毛泽东反复提醒自己的子女，不要因为自己是毛泽东的儿女，就高高在上、得意忘形，一定要脚踏实地。在写

---

① 中共中央文献研究室编：《毛泽东年谱（1949—1976）》第三卷，中央文献出版社2013年版，第294页。
② 中共中央党史和文献研究院编：《建国以来毛泽东文稿》第十六册，中央文献出版社2023年版，第297页。

给儿子毛岸英、毛岸青的信中，他说："人家恭维你抬举你，这有一样好处，就是鼓励你上进；但有一样坏处，就是易长自满之气，得意忘形，有不知脚踏实地、实事求是的危险。你们有你们的前程，或好或坏，决定于你们自己及你们的直接环境，我不想来干涉你们。"①毛泽东希望子女们凡事自己解决，不娇生惯养，有独立健全的人格。在写给女儿李讷的信中，毛泽东说："中学也有两种人，有社会经验的孩子；有娇生惯养的所谓干部子弟，你就吃了这个亏。现在好了，干部子弟（翘尾巴的）吃不开了，尾巴翘不成了，痛苦来了，改变态度也就来了，这就好了。"②

事实证明，毛泽东对子女的理想信念教育是十分成功的。毛泽东的子女们先后参加革命工作，个个政治坚定、理想远大，积极工作、无私奉献，成为高干子女的楷模。长子毛岸英曾经在写给父亲的信中说："我很注重于政治和军事，并且愿意成为一个政治军事家，成为一个很好的宣传

① 中共中央文献研究室编：《毛泽东书信选集》，人民出版社1983年版，第166—167页。
② 中共中央党史和文献研究院编：《建国以来毛泽东文稿》第十六册，中央文献出版社2023年版，第468页。

家，以便将来为伟大的新中国的事业而斗争。我坚决地相信在抗战胜利以后，在国共合作的基础上，中国一定会被建成为一个先进的、自由的、幸福的强国。在那时，中国的人民将享受自由与平等的生活。那时啊！中国是伟大的、强大的、民主的中国了！"①

## "如果我们不注意严格要求我们的子女，
## 他们也会变质"

毛泽东将"务必保持谦虚、谨慎、不骄、不躁的作风，务必保持艰苦奋斗的作风"融入其家风家教思想，既警醒领导干部要时刻加强党性修养、保持共产党人的本色，又促使领导干部加强对子女的思想教育。

毛泽东要求破除领导干部子女的特殊化，消除他们身上的优越感和特权思想。在一次中央会议上，毛泽东说："我们不是代表剥削阶级，而是代表无产阶级和劳动人民，但如果我们不注意严格要求我们的子女，他们也会

---

① 马玉卿主编：《毛泽东和他的百位亲属》，陕西人民教育出版社、陕西人民出版社1998年版，第29页。

变质。"①针对新中国成立初期学校教育中划分等级的问题，他在1952年6月14日给周恩来的信中明确批复："干部子弟学校，第一步应划一待遇，不得再分等级；第二步，废除这种贵族学校，与人民子弟合一。"②毛泽东曾在读苏联《政治经济学教科书》时说："我很担心我们的干部子弟，他们没有生活经验和社会经验，可是架子很大，有很大的优越感。要教育他们不要靠父母，不要靠先烈，要完全靠自己。"③

毛泽东对自己子女的要求异常严格。1957年，儿媳刘思齐在苏联留学，因从文科转向理科，加之语言不通、身体不好，便产生了转回国内读书的想法。毛泽东得知后，没有出面，而是写了一封短信，说："转学事是好的，自己作主，向组织申请，得允即可。如不得允，仍去苏联，改学文科，时间长一点也不要紧。不论怎样，都要自己作主，不要用家

① 中共中央文献研究室编：《毛泽东年谱（1949—1976）》第六卷，中央文献出版社2013年版，第73页。
② 中共中央文献研究室编：《毛泽东书信选集》，中央文献出版社2003年版，第401页。
③ 中共中央文献研究室编：《毛泽东文集》第八卷，人民出版社1999年版，第130页。

长的名义去申请，注意为盼。"①毛泽东这种特别的父爱，将子女们培养成了意志坚定、人格健全、奋发向上的一代新人。20世纪60年代三年困难时期，全国人民勒紧裤腰带过日子，毛泽东一家也不例外。当时女儿李讷在学校寄宿吃不饱，毛泽东身边的卫士便偷偷给她送去几包饼干。毛泽东知道后，拍着桌子发火说："她是学生，按规定不该享受就不能享受。还是各守本分的好。我和我的孩子都不能搞特殊，现在这种形势尤其要严格。"正是这种教育方式，最终塑造了子女们坚毅的性格，使他们无论身处何方、受到什么打击、遇到多少挫折，都能感受到来自父爱的力量，倍增克服困难的信心、勇气和力量。

## "因为我爱他们，我就希望他们进步，勤耕守法"

消除特权思想、拒腐防变、永葆清正廉洁，是毛泽东家风家教思想的重要准则。他不仅严格要求子女，也希望自己的亲友遵纪守法，不搞任何特殊。那些对亲友的严格

---

① 马玉卿主编：《毛泽东和他的百位亲属》，陕西人民教育出版社、陕西人民出版社1998年版，第49页。

要求，看似有些不近人情，实则展现了大爱。

1937年，表兄文运昌写信给毛泽东，提出到延安工作的要求。毛泽东在11月27日的回信中，特别强调，面对日本帝国主义大举进攻中国的危亡时刻，大家的工作都很紧张，在延安"上自总司令下至火夫，待遇相同，因为我们的党专为国家民族劳苦民众做事，牺牲个人私利，故人人平等，并无薪水"；家境艰难，是全国大多数人面临的境况，"惟有合群奋斗，驱除日本帝国主义，才有生路"。①因此，毛泽东劝文运昌留在家乡自谋生计，并请他转知亲友，"不要来此谋事，因为此处并无薪水"。毛泽东表示，为全社会出一些力，就是自己对亲友、对一切穷苦同乡的一种帮助。

1949年10月9日，毛泽东在给杨开慧哥哥杨开智的回信中，要求他在湖南听候中共湖南省委分配合乎他能力的工作，不要奢望得到任何特殊关照，"一切按正常规矩办理，不要使政府为难"。

1954年4月，毛泽东从来京的乡友口中得知外婆文家

---

① 中共中央文献研究室编：《毛泽东文集》第二卷，人民出版社1993年版，第72页。

的部分亲戚不服从当地政府管理。对此，毛泽东丝毫不予放纵，立即写信给石城乡党支部和乡政府，要地方政府严格管束。他在给石城乡党支部和乡政府的信中强调："文家任何人，都要同乡里众人一样，服从党与政府的领导，勤耕守法，不应特殊。请你们不要因为文家是我的亲戚，觉得不好放手管理。"毛泽东指出，"第一，因为他们是劳动人民，又是我的亲戚，我是爱他们的。第二，因为我爱他们，我就希望他们进步，勤耕守法，参加互助合作组织，完全和众人一样，不能有任何特殊。如有落后行为，应受批评，不应因为他们是我的亲戚就不批评他们的缺点错误。"①

毛泽东对家属和亲戚的要求很严格，对亲戚朋友的无理要求断然拒绝，不允许他们搞特殊化。但实际上，他是个重情重义之人，有着善良和慈悲之心，对生活的确有困难的人，会竭尽所能地给予帮助，要么用自己的稿费资助，要么在合情合理的范围内请政府予以适当的照顾。

堂弟毛泽连到北京看望毛泽东。毛泽东发现他眼睛有

---

① 中共中央文献研究室编：《毛泽东书信选集》，中央文献出版社2003年版，第443页。

疾，就让毛岸英和田家英把他送到北京协和医院治疗。毛泽连在北京住了两个月，希望留在北京，有份工作养老。1949年10月，毛泽东在接见毛泽连、李轲时，劝他们回老家，他说，我是国家主席，我只解决大多数人的困难，为大多数人谋利益，如果只能解决一个人的困难，只考虑自己的亲属，那么我这个主席就当不成了。开怀家国事，不言身与家。毛泽东的家国情怀尽在其中。

毛泽东当年在湖南省立第一师范学校读书时的校长张干和历史教员罗元鲲，年老后生活困顿。1950年10月11日，毛泽东在给时任湖南省人民政府副主席王首道的信中，说明了张干、罗元鲲的情况，提出了"拟请湖南省政府每月每人酌给津贴米若干，借资养老"的请求。1963年，张干希望女儿能返湘工作，以便照顾年迈的他。当年3月，毛泽东给时任湖南省副省长周世钊写信，表示正在想办法处理张干的请求，还请周世钊"暇时找张先生一叙，看其生活上是否有困难，是否需要协助"，并告知叙谈结果。5月，毛泽东寄了一些稿费给张干当作医药费，充分体现了他与人为善、尊爱师长的高尚情操。

杨开慧的族兄杨秀生等人生活困难，毛泽东没有要求当地政府予以特殊关照，而是经常用自己的稿费予以资助。柳直荀烈士的遗孀李淑一原本以教书为业，但因年长课繁，生活难以为继，有人请求毛泽东将她推荐到北京市文史馆当馆员。1954年3月2日，毛泽东给田家英写信，告知"文史馆资格颇严"，他推荐了几个人，但都没有录取，因此"未便再荐"。但毛泽东并不是撒手不管，而是以"稿费若干为助"，解决李淑一的生活问题。从毛泽东推荐文史馆馆员一事，就足以窥见老一辈革命家的大局观。

无论是革命战争年代还是新中国成立后，毛泽东都非常重视家风家教，严格要求子女和亲友，秉持"念亲，但不为亲徇私；念旧，但不为旧谋利；济亲，但不以公济私"的原则，合情、合理、合法地处理亲友提出的各种要求。毛泽东的家风家教思想，在我们党内具有重要的典型示范意义。在新的历史条件下，坚持和弘扬毛泽东的家风家教思想，对于领导干部提高自身修养、树立良好家风、严肃党内政治生活具有十分重要的意义。

# 二

## 刘少奇

「丝毫不搞特殊化」

刘少奇（1898—1969），湖南宁乡人，伟大的马克思主义者，伟大的无产阶级革命家、政治家、理论家，党和国家主要领导人之一，中华人民共和国开国元勋，是党的第一代中央领导集体的重要成员。曾任中央人民政府副主席、中央军委副主席、全国总工会名誉主席、第一届全国人大常委会委员长、中华人民共和国主席兼国防委员会主席。

刘少奇虽身居高位，但始终严格要求子女及亲属，主张"管"与"放"相结合的家庭教育，注重平等待人，艰苦朴素，谦虚谨慎，树立了良好家风。

## "我们希望你能有决心做个进步的革命的青年"

刘少奇是中国共产党最早的党员之一，青年时代参加了五四运动，1920年加入中国社会主义青年团，1921年加入刚刚创立的中国共产党，毕生坚定不移地信仰共产主义、马克思主义，同时也教育子女树立坚定的理想信念。

1963年春，刘少奇出访东南亚四国，其间，正逢上中学的女儿刘平平14岁生日。5月9日，刘少奇和妻子王光美写信给刘平平，表达生日祝贺。刘少奇在信中语重心长地说："我们希望你在满14岁以后，认真思考一下：你到底要做一名什么样的青年？""你不应当安居于中游，不应当马马虎虎地度过你的青春时期。我们希望你能有决心做个进步的革命的青年，做个具有远大共产主义理想、具有雷锋式平凡而伟大的共产主义精神的青年，这样，才能够真正继承革命前辈的伟大事业。雷锋是全国人民学习的榜样，更是青年人的楷模。你要像雷锋那样刻苦学习，热爱劳动，虚心学习别人的优点长处，关心集体，关心国内外大事，并要注意锻炼身体，要有强健的体魄。这样将来党和人民需要你时，你就可以做好一切工作。"①

1962年前后，"生在新中国，长在红旗下"的青少年由于缺乏对旧社会阶级斗争历史的了解，暴露出许多问题。为了提高广大青少年的觉悟，使他们懂得旧社会的苦、知道新社会的甜，更加热爱祖国，共青团中央在全国

①刘振德：《我为少奇当秘书》（增订本），王春明整理，中央文献出版社1998年版，第232—233页。

范围内开展了新旧社会对比的教育。刘少奇认为这是一件非常重要的事情。他知道秘书刘振德生在旧社会，出身穷苦，就让他给刘平平等孩子讲述自己的家史，并让孩子们谈感想。1964年，曾参加过安源大罢工的工人代表袁品高，应刘少奇的邀请到北京欢度五一劳动节。刘少奇在中南海两次接见袁品高，还让王光美带着孩子们到他住的地方去看望他，请他给孩子们讲安源路矿工人斗争的故事，对孩子们进行阶级教育和革命传统教育。袁品高见刘少奇的孩子们穿着打了补丁的衣服，并且听说他们上学不是走路就是骑自行车时，非常感慨。

1965年，全国农村开展社会主义教育运动，许多干部参加"四清"（清政治、清经济、清组织、清思想）工作队，到农村和贫下中农搞"三同"（同吃、同住、同劳动），接受教育。刘少奇决定让儿子刘允若也去接受锻炼。那年8月，秘书刘振德去参加"四清"时，刘少奇对他说："你把毛毛带上。他接触农村情况不多，从上海把他找到后，就送去延安，后来又去苏联留学。这回让他跟你下去搞'四清'，可以更多地了解农民的情况，向贫下中农学习。下去以后，和贫下中农搞好'三同'，对他不要有什么特殊照顾。"

1967年初，刘少奇遭受林彪、江青一伙的残酷打击和迫害，孩子们横遭株连。即使是在这样困难的情况下，刘少奇仍然怀着对马克思主义和共产主义的崇高信仰，教导子女要坚定无产阶级信仰。他对子女们说："人民现在认为我没有把他们交给的工作做好，他们生气，对你们也有过火行动。你们要千方百计地理解群众，决不能有任何对立情绪，要经得住委屈。""年轻人要勇敢地走自己的路，你们一定要活下去，一定要在群众中活下去，要在各种锻炼中成长。你们要记住，爸爸是个无产者，你们也一定要做个无产者。爸爸是人民的儿子，你们也一定要做人民的好儿女。""只要你们在人民中好好学习，好好劳动，他们会了解你们，爱护你们的。人民最终会信任你们，人民会做你们的父母！"①

## "对小孩子，一是要管，二是要放"

刘少奇虽然非常疼爱子女，但从不溺爱他们，主张"管"与"放"相结合的家庭教育。他曾对秘书说："对小

---

① 周文姬主编：《从工运领袖到共和国主席——忆刘少奇》，岳麓书社1998年版，第528页。

孩子，一是要管，二是要放。什么叫管，管什么？不好好学习要管，品德不好要管，没有礼貌也要管。""当然管教孩子也要得法，不能事事处处束缚住他们的手脚，怕这怕那。什么叫放，放什么？我认为能够培养他们吃苦耐劳精神的事情，能使他们经风雨见世面的事情，都要大胆地放手让他们去干，要锻炼他们的劳动观念，提高自己管理自己的能力。这样可能要跌些跤子，受些挫折，但对他们会有好处，对他们的健康成长会有帮助的。"[1]1959年，刘平平和刘源在小学读书，刘少奇和王光美把他们的老师请来，讲了管孩子的事。刘少奇对老师说："你们要把我的孩子当作你们自己的孩子那样管，不要迁就他们，不要因为是我的孩子就可以照顾，相反，应当对他们更严格地要求。"由于家庭教育严格，刘少奇的孩子都很俭朴，有毅力，有志向，有骨气，从小就学习独立生活，很少表现出优越感，在外面从来不提自己是谁的孩子，称呼秘书时，总是加上"叔叔"两字。秘书们不让他们去的地方，他们不去；不准他们接触的东西，他们会自觉躲得远远的。

---

[1]刘振德：《我为少奇当秘书》（增订本），王春明整理，中央文献出版社1998年版，第234—235页。

1965年夏天，王光美正在河北省新城县高城蹲点。有一天，刘少奇写了封信，让16岁的女儿刘平平给她妈妈王光美送去。刘少奇对身边的工作人员说："你们不要给她买车票，不要送她上车站，更不要用小车送她，也不要通知光美同志或县委去车站接她，让她自己买票，自己上车。"听刘少奇这么交代，大家知道刘少奇是有意让孩子出去闯一闯，见见世面。可是，当时刘平平还是个半大的孩子，从来没出过远门，头一次让她一个人出去，大家心里都有些不放心。对于这些顾虑，刘少奇说："小孩子不能什么事总靠大人，要让她自己闯闯，才能得到锻炼。总靠大人帮助，她倒是舒服省心，可是得不到锻炼，将来还是不会做事情。" 刘平平从北京中南海辗转到河北新城县，当她突然出现在妈妈王光美面前时，在场的人都很惊奇，抢着问："平平怎么来的呀？""谁送你来的呀？"刘平平高兴地回答说："我自己来的，谁也没送。我知道怎么买票了，知道怎么上公共汽车、怎么坐火车了。"

## "国家主席也是人民的勤务员"

"国家主席也是人民的勤务员"，是刘少奇常说的一句话。1959年10月26日，在人民大会堂举行的群英大会上，时任国家主席的刘少奇与劳动模范、掏粪工人时传祥的双手紧紧地握在一起，他对时传祥说："我们在党的领导下，都要好好地为人民服务，你掏大粪是人民勤务员，我当国家主席也是人民勤务员。这只是革命分工不同，都是革命事业中不可缺少的一部分。"①会上，刘少奇还勉励大家回去以后，要更好地为党工作，不要骄傲自满，要和大家团结一致，把首都建设得更美好。

刘少奇特别注重平等待人，不搞特殊化。他曾对身边的工作人员说："在我们党内，只有三个人：一个是毛主席，一个是周总理，一个是朱总司令，大家称他们主席、总理、总司令，都习惯了，不必改，其他人，应该一律互相称同志。"1959年4月，在第二届全国人民代表大会上，刘少奇当选为国家主席。消息传到湖南，传到了宁乡，乡间的一些本家和亲戚看到他"大权在握"，纷纷写信给他。有的提出不愿意在农村当农民，想进城当工人；有的提出安排一个合适的工作；还有人想来北京上大学；等等。

---

① 周文姬主编：《从工运领袖到共和国主席——忆刘少奇》，岳麓书社1998年版，第654页。

　　这年10月，刘少奇的一些亲戚和以前在他身边工作过的同志利用国庆节来北京看望他。为了纠正家人欲借他的权力谋一己私利的错误思想，他专门召开了一个家庭会议，他说："你们的这些要求在你们看来很简单，似乎只要我说一句话、开个条子就解决了。但我偏偏不能说这个话，不能开这个条子，而且有人还受到了我的批评。总而言之，我使大家很失望，所以许多人不高兴、不满意、发牢骚，甚至有人还在背地里骂我，说我不近人情……"

　　他继续告诫家人："现在解放了，在农村也好，在城市也好，生活都比过去好多了。国家富强了，小家的困难也就好解决了。当然马上消灭城乡差别现在还做不到。你们想请我这个国家主席帮忙，以改变自己目前的状况，甚至改变自己的前途。说实话，我要是硬着头皮给你们办这些事，也不是办不成。可是不行呀！我是国家主席不假，但我首先是个共产党员，共产党员应该全心全意为人民服务，不是为个人小家庭服务。吃饱了、穿暖了，就要好好学习，好好工作。我手中有点权也是真的，但这权是党和人民给的，我只能用于维护党和人民的利益。我们党处于执政的地位，权力很大，责任也很大。如果我们利用手中的权力去为个人小家庭谋私利，就是对人民的背叛。

那么，我们很快就会失掉人民的支持，我们的政权也会得而复失的，我们为什么能够打败国民党，我看最重要的一条就是因为国民党脱离了群众的大多数，他们腐化堕落了嘛！我们共产党人绝不能重蹈他们的覆辙。"[1]

随后，刘少奇语重心长地说："不要以为你是国家主席的亲戚就可以搞特殊，靠沾我的光，提高不了你的觉悟，我送给你一块怀表，也不能代表你的劳动。正因为你是国家主席的亲戚，更应该严格要求自己，更应该艰苦朴素、谦虚谨慎，更应该有富贵不能淫、贫贱不能移、威武不能屈的志气。不要打着我的旗号到处吹牛。前几年，湖南老家有两个亲戚到我这里来了一趟，回去就吹牛，把我送他们的几十块钱路费，说成是因他们报矿有功，我给的赏钱。这件事影响很不好，我去信严肃批评了他们。我欢迎你们经常给我写信或者到我这里来反映家乡的真实情况，但绝不允许借我的名誉吹牛。"[2]

---

[1] 刘振德：《我为少奇当秘书》（增订本），王春明整理，中央文献出版社1998年版，第97—98页。
[2] 刘振德：《我为少奇当秘书》（增订本），王春明整理，中央文献出版社1998年版，第98页。

# 三 任弼时

崇文尚学

言传身教

以严治家

任弼时（1904—1950），原名任培国，湖南湘阴唐家桥（今属汨罗）人，伟大的马克思主义者，杰出的无产阶级革命家、政治家、组织家，中国共产党和中国人民解放军的卓越领导人，是以毛泽东同志为核心的中国共产党第一代中央领导集体的重要成员。

任弼时的父亲任振声是一位教书先生，思想比较开明；母亲朱氏慈厚善良，乡里称贤。他们身上有很多优秀品质，并通过言传身教将其传给子女，形成了良好的家风家教。任弼时5岁随父课读，11岁考中湖南省立第一师范学校附属小学高等科，14岁考入长沙私立明德中学十七班就读，15岁转入湖南第一联合县立中学第二十五班就读。他诚实勤奋，读书有倔劲。他在日记和文章中，流露出对国家民族命运的关切："若能时存卧薪尝胆之念，励精图治，何患不能收回割让之地乎！"并立志走"工业救国"的道路："吾志习工业，以图工业振兴。"[1]

## "不要把孩子养成革命的娇子"

作为一位父亲，任弼时非常关爱自己的孩子，并无微不至地关注着他们的日常生活。有一次，任弼时给在晋绥解放区读书的长女任远志写信："据瑞华阿姨说，你患泻肚病，不知已经好了没有……送来半磅毛线，你一定要自己打好两双毛袜，以备你自己冬天用。"[2]这封千里家书展现了任弼时的细腻情感。任弼时对自己儿女怜爱却不溺爱，从不因为自己在党内的地位而惯纵自己的孩子。他经常要求自己的子女吃苦耐劳、任劳任怨，锻炼出自己的优秀品质。吃苦耐劳是我党老一辈革命家的优良传统，任弼时作为其中的代表人物，身上也凝聚了这样的优秀品质。他以身作则，严格要求自己的下一代要遵守规约，将这种品格逐渐融入了自己的家风体系之中。

---

[1]中共中央文献研究室编：《任弼时年谱（1904—1950）》，中央文献出版社2014年版，第12、15页。
[2]中共中央文献研究室编：《任弼时书信选集》，中央文献出版社2014年版，第69—70页。

任弼时怜爱自己的孩子，因为他清楚，在新民主主义革命的艰苦历程中，他的孩子们失去了很多其他孩童享受的快乐生活。但同时他也深刻知道，"娇子如杀子"，不能溺爱孩子。1947年，国民党军队向延安发动进攻，当时整个陕北的解放军官兵只有2万多人，在此情况下，党中央决定撤离延安。此时，任弼时的大女儿任远志和三女儿任远芳都在延安，分别只有16岁、9岁。有同志建议，她俩年龄较小，应该跟着妈妈走。但是，任弼时坚持让自己的两个女儿随所在学校行军，说："还是让她们锻炼一下吧，不要把孩子养成革命的娇子。"这生动体现了任弼时家风中"不怕苦、能吃苦"的重要内涵。

"不怕苦"是共产党人的内在品质。基于此，任弼时常告诫自己的孩子们："宝剑锋从磨砺出，梅花香自苦寒来。"只有保持坚定的意志，不怕苦，将来才能作出有益于国家与社会的大成绩。任弼时的子孙们回忆，任弼时很少给他们讲大道理，但是他经常从自身出发，用自己的所作所为引导教育他们。他们从任弼时日常的点点滴滴、一言一行中，学会了如何做一个吃苦耐劳、自立自强的人。

自小苦读的任弼时崇文尚学，鼓励自己的孩子们刻苦读书。在任弼时看来，学习要有一定的广度，要尽可能博览群书，形成一定的知识面，建立独有的知识体系。他在启蒙儿子任远远读书时，准备了大字模，上面质朴地写道："小孩子要用心读书，现在不学，将来没用。"①他曾多次给儿女们写信，鼓励他们好好读书，今后成为对社会有用的人。他在写给大女儿任远志的家书中说："读书主要在乎自己用心，希望你能坚持用功学习，而且在国文、算术方面多用功。平常要多看解放区出版的报纸，借以增加你的政治常识。""你们这辈学成后，主要是用在建设事业上，即是经济和文化的建设事业，须要大批干部去进行。"②又在致三女儿任远芳的家书中提到，"望你更加努力学习，并在苏联完成学业之后，成为一名优秀的专家"。③任弼时帮子女们树立刻苦学习的学习观，是以报效祖国为伟大目标。由此可见，任弼时对子女的教育观

①中共中央文献研究室编：《回忆任弼时》，中央文献出版社2014年版，第530页。
②中共中央文献研究室编：《任弼时书信选集》，中央文献出版社2014年版，第39、69页。
③中共中央文献研究室编：《任弼时书信选集》，中央文献出版社2014年版，第119页。

是希望孩子们刻苦学习，将来为整个革命事业和社会主义建设添砖加瓦。

"能吃苦"是锤炼优良品质的过程。任弼时深刻知道"只有能吃苦的人，才能有所成就"。任弼时的孩子们出生在革命年代，少时生活艰苦。虽然他是党的重要领导人，但是他从来不给自己的孩子们"开小灶"，反而严格要求他们学龄后必须住校，跟着集体吃大锅饭。有一次，听说住校的大女儿任远志好几天不吃饭，任弼时以为是大女儿不能吃苦，对饭食挑三拣四，他十分生气。在这样的情况下，任弼时既没有接任远志回家，也没有派人去看望她。直到周末任远志回家，任弼时才了解到，原来是女儿生病了，实在吃不下饭，并不是挑食。任弼时向女儿道歉的同时，依然表示，送他们去住校就是为了锻炼他们的坚强品质，希望他们不要娇生惯养。在这种精神感召下，任远志在家休息几天后，不等父亲催促，就拖着尚未痊愈的身体回到了学校。临走时，任弼时告诫任远志：苦尽甘来，只有不怕吃苦，意志坚定，长大之后才能有所作为，建功立业，更好地服务于人民；能吃苦的这个"苦"不但包含生活之苦，也包含了情绪之"苦"。任弼时的小女儿任远芳小时候脾气不好，尤其在下棋的时候爱耍性子。任弼时经常严肃地指出她的不足，并语重心长地对她进行教育。久而久之，任远芳逐渐改掉了这样的臭脾气。

娇宠败家，奢靡亡国。任弼时用言传身教的方式向子女们诠释了什么是共产党人的苦乐观，深刻体现了一名优秀共产党员干部的家教思想，展现了任弼时家庭的优良家风。

## "一怕麻烦人，二怕花钱多，三怕工作少"

任弼时的工作态度及行为准则，亦是影响子女的关键因素，形成了很有特色的家风。任弼时有一个著名的"三怕"：一怕麻烦人，二怕花钱多，三怕工作少。①这"三怕"印证着他恪尽职守的工作态度，也是他约束自己和家人的底线。在日常生活中，他经常叮嘱自己的孩子们："凡是能够过得去的，自己能够做得到的，决不要去麻烦别的同志。"良好的家风影响着他的工作作风，他的工作作风也反映着优良的家风。

---

① 任继宁：《爷爷的"三怕"》，《新湘评论》2016年第13期。

任弼时是党内有名的"工作狂",他夜以继日地工作,兢兢业业。在中国共产党成长与发展的重要时期,任弼时即使患有血管硬化等疾病,身体每况愈下,但依然坚持参加党的各种重要会议,从不缺席。苏联医生米尔尼科夫多次提醒他不要熬夜,但他仍然日夜工作,彻夜研究我党的战斗状况,并参与各种重要的决策。直到病逝前一周,任弼时还在办公室与基层干部进行座谈,了解农村党员的思想发展状况。1950年10月27日12时36分,任弼时因突发脑溢血逝世,年仅46岁。他为中国人民的解放事业呕心沥血,直至燃尽生命最后的光辉,病逝在工作岗位上。如此"怕工作少"的勤政敬业精神一直激励着他的子女们,培养出了子女们"乐业"的工作观。

任弼时的另外一个特点就是很怕麻烦他人为自己提供便利。新中国成立后,由于病情严重,他需赴苏联休养身体。临行前,他向党中央提出两个要求:一是不要带太多的随行人员;二是不要带一个家属。因为他认为国家刚刚解放,带的人多,就会给国家增加负担①。任弼时这种

---

① 中共中央文献研究室编:《回忆任弼时》,中央文献出版社2014年版,第469页。

"怕麻烦人"的性格也深深影响着自己的子女们。长征途中，任弼时夫人陈琮英生下二女儿任远征，为了不增加党组织负担，他没有要求组织派人照顾坐月子的妻子和尚在襁褓中的幼女，而是自己亲手缝了一个专门用来背女儿的布兜。此外，任弼时的"怕麻烦人"也体现在时刻为别人着想，怕家人的过分行为打扰别人的日常休息。1947年，党中央转战陕北地区，任弼时与两个女儿任远志和任远芳住在王家湾的一个窑洞里。紧张的革命形势需要他在窑洞内夜以继日地工作。于是，任弼时对两姐妹提出了"三不准"的要求：不准大声说话、走路不准有声音、不准打闹。这样严格的规约，让女儿们形成了为集体着想、不给集体添麻烦的做事原则。

勤俭节约也是任弼时一以贯之的基本准则。任弼时在中国新民主主义青年团第一次代表大会上指出："要准备节省每一个铜板去为新社会经济的建设而积累一分力量。"[①]工作中，他对党内任何要用钱的事宜都谨慎入微，精打细算。他被党内外人士亲切地称为"大管家"，甚至连油灯每年的油耗量、墨水的消耗量他都进行了详细

---

① 任弼时：《任弼时选集》，人民出版社1987年版，第481页。

记录。新中国成立后，生活水平逐渐提高，但任弼时依然坚持艰苦朴素的原则。刚住进北京城时，任弼时时常说："进城了，我们更要注意节约。"每月，他都会询问妻子饭菜钱是否超标、生活用品是否按制领取。有一次，他看到孩子们正在扔一些破旧衣服，觉得有些可惜，便把被扔的旧衣服捡回来，重新挑选，同时教育孩子说："这些还能穿，那还可以将就，还可以缝缝补补又三年嘛。"他很少给子女们买新衣服，而是经常让妻子把他俩穿旧的衣服改一改，改完后又给孩子们穿，大孩穿完了，小孩接着穿，直到破烂得实在不能穿才无奈扔掉。后来，任弼时的大女儿任远志回忆，由于小时候受到父亲勤俭节约作风的熏陶，她们姊妹都比较节约，读书阶段很少向家里要钱买东西，长大后也遵从父亲的教导，秉承艰苦朴素的作风，日常穿着都是父母改小的军装，没有别的衣物，成家后，也一贯保持勤俭的作风。

## "凡事不能超过制度，我们一丝一毫不能特殊"

不搞特权是任弼时家风的核心内容。他经常说的一句话是"凡事不能超过制度，我们一丝一毫不能特殊"①。
这并不是一句空话、套话，任弼时将这样的思想践行到了
自身行为中，坚决不向党组织提要求，不接受超越制度的
特殊照顾。任弼时的身体一直不好，革命时期曾两次遭受
国民党反动派的严刑拷打，身体被严重摧残。新中国成立
后，党组织安排他到颐和园治疗休养。但任弼时却提出，
由于是休养不是工作，所以一要自带干粮，不吃餐厅的特
供饭食；二不要工作人员为其服务。可见，他有着坚决不
超越制度的决心。

任弼时"一丝一毫不能特殊"的家风原则，还体现在
他对子女的教育中。时年10岁的二女儿任远征从湖南老家抵
达延安，初来乍到的她觉得一切都很稀奇，对仓库里各式各
样的新奇物品很感兴趣。仓库管理员见她天真可爱，便送了
她一个粉色小本子。但是，让任远征没有想到的是，父亲知
道后，非常严厉地批评了她的这种行为。任弼时严肃指出：
你为什么要拿这个本子呢？这个本子是给有需要的干部使用
的，不是给你的，你为什么要搞特权？然后马上将本子送回

_____

① 中共中央文献研究室编：《回忆任弼时》，中央文献出版社
2014年版，第147页。

了仓库。从此以后，任弼时的子女们就明白了，任弼时的孩子是不能拿公家一丝一毫东西的，否则，就是"搞特权"，会受到父亲严厉的责备。总而言之，任弼时从身边的点滴小事出发，以实际行动为子女们建章立规："凡事不能超过制度"。

任弼时作为党的第一代中央领导集体的重要成员，具有钢铁般的革命意志、坚定的理想信念以及艰苦奋斗的优秀品质，通过言传身教，逐渐形成了崇文尚学、艰苦奋斗、清正廉洁、不搞特权的家风。这一优良家风，为在新时代新形势下弘扬中国共产党人的奉献精神，加强党风廉政建设，实现第二个百年奋斗目标和实现中华民族的伟大复兴提供精神滋养。

# 四

## 胡耀邦

两袖清风　赤子情怀

胡耀邦（1915—1989），湖南浏阳人，久经考验的忠诚的共产主义战士，伟大的无产阶级革命家、政治家，我军杰出的政治工作者，长期担任党的重要领导职务的卓越领导人。他为中华民族独立和解放、为社会主义革命和建设、为中国特色社会主义探索和开创建立了不朽功勋。

胡耀邦一身正气，深得人民敬爱，两袖清风，堪称为人楷模。他的人格魅力、丰功伟绩、高贵品质，一直深深铭刻在人们心中。胡耀邦与老一辈无产阶级革命家一样，高度重视家风建设，为家风建设做出了表率。

## "在我这，要马列主义有，要特殊化没得"

日常生活和工作中，胡耀邦对家人和亲属要求非常严格，绝不允许有一点特殊化。

1952年，胡耀邦夫妇的小女儿在四川南充出生，全家人特别高兴。孩子的外婆说，已经有了三个孙儿，这回又有了孙女儿，应该满足了，就给刚刚降临人世的孙女儿起名满妹。按理说，这个最小又是唯一的女儿肯定备受宠爱，然而，胡家兄妹从小就是在父母的严格要求下长大的，满妹也不例外。20世纪60年代三年困难时期，国家粮食紧缺，副食品更是缺乏，很多人都处在饥饿当中。满妹当时正在上小学，也吃不饱饭。她在回忆录中写道："那时，最让人激动的事就是能吃到东西。"只有挨过饿的人，才能有这样刻骨铭心的感受。胡耀邦是中央委员，按规定有补助，但他给家里人定下了规矩："全家每人每天都要吃两顿粗粮，不许吃补助和细粮，因为那是特殊化。"胡耀邦的三个儿子平时都住校，只有满妹一人走读，在家里吃饭。炊事员老张特别疼满妹，每当有客人来时，总是偷偷留下一点儿好吃的，等满妹回来吃。那时走读，中午要带一顿饭到学校吃。有一次，老张给满妹带午饭时悄悄装了点儿米饭，不巧被人发现，告诉了胡耀邦。胡耀邦把老张叫来责备了一通。老张自言自语地抱怨："家里就她一个女儿，人小又吃不了多少。同学们都带细粮吃，咱们家老带粗粮，怎么好意思！"在满妹的记忆中，只有这一次，父亲过问了家里的柴米油盐。

其实，"不准搞特殊化"是胡耀邦的家规，这在他当总书记以前就开始执行了。除了妻子李昭自觉自律，不搭乘胡耀邦的便车外，4个子女同样也没搭过他的便车。据为其开车的师傅回忆，有一年春暖花开时，满妹想跟车出去玩，被胡耀邦狠狠地批评了。一位长期在胡耀邦身边工作的同志说，胡耀邦、李昭对子女和亲属的要求，严格得近于苛刻。

1982年9月，胡耀邦当选中共中央委员会总书记后，交给中共中央办公厅一份备忘录，并要求中共中央办公厅发一封电报给浏阳县委，给老家的亲戚定下几条规矩：第一，不准敲锣打鼓放鞭炮，搞庆祝游行；第二，不准哥哥胡耀福外出作报告；第三，不准进京找他办事，不准亲友打他的招牌去办事，不许家乡人向国家要物资、资金和特殊优惠政策。

即便如此，不少人还是经常找胡耀福或胡家的亲戚帮忙向胡耀邦要物资、要项目。20世纪80年代初，浏阳县委托胡耀福到北京找弟弟胡耀邦给家乡批点化肥。当时只要胡耀邦不反对或者不置可否，手下的人也就给办了。但是，胡耀邦态度非常鲜明，在原则问题上不退让，甚至不惜与哥哥闹翻脸。他说道："谁找我走后门、批条子，就是把我看扁了！"胡耀福听后，也急了，站起来情绪激动地说："是老区人民要我来的，又不是为我自己！要是我的事，决不来找你！"胡耀邦仍坚持说："那也不行！"胡耀福一气之下走了。

1983年5月，国家计划委员会决定在中南五省建一个炼油基地，当时已经有武汉和长沙等地被列为候选对象。长沙炼油厂想争取这个项目，于是厂里有关领导来到浏阳县中和乡，找到胡耀邦的哥哥胡耀福，请他帮忙，并且承诺胡耀福，项目落实之后安排他的儿子胡德资到厂里当供销科科长。之后，胡耀福带着胡德资等人去北京找胡耀邦。没想到他们在去长沙的途中出了车祸，胡耀福被送到湘雅医院住了5天院。出院后，他又准备与长沙炼油厂有关领导前往北京。出发前，胡耀福拍了封电报给北京，内容是："耀邦，我等11人乘火车2次特快6号车厢于明早到京，请派车来接。"结果离发车还有5分钟时，湖南省委有关领导来到火车站站台，拿着扩音器喊道："胡耀邦同志的家属请下车！"原来，电报发出去后，胡耀邦知道家里亲戚又要来找他办事，便直接通知省里的领导不让他们上北京。

1984年，胡耀邦的堂侄孙胡厚坤任中和出口花炮厂副厂长，要到北京市供销社销烟花，当时他没有什么熟人，就找到了胡耀邦。胡耀邦对他说："大力发展乡镇企业是好事啊，搞好生产，把产品销到全国，销向全世界！"但当胡厚坤说明来意之后，胡耀邦马上讲道："卖产品可以，但决不能打我的牌子！"

后来，胡耀邦经常对希望他在家乡建设上给予帮助的乡亲们说："革命老区搞建设，应该支持。但是应该按程序报告上级有关部门，不能找我。我不是家乡的总书记，不能为家乡谋特殊利益。在我这，要马列主义有，要特殊化没得。"

胡耀邦在中共中央委员会主席、中共中央委员会总书记的重要岗位上工作了整整6年，但他硬是没有给家乡人批过一张条子，没有给过家乡人一点儿特殊，也没有给过亲戚们一点照顾。然而，忠厚淳朴的浏阳人民从来没有一句怨言。1988年冬天，胡耀邦在长沙休养。浏阳县委的几个同志来看望他，谈到家乡一些地方还不富裕时，胡耀邦心里很不安，表示未能替家乡人民办点实事，常感歉疚。浏阳的同志诚恳地宽慰他说："您是中国的总书记，心里想的是10亿人，浏阳130万人是包括在内的。"客人们走后，胡耀邦还在想着他们的话，感慨地对妻子李昭说："家乡的人民这么理解我，令我十分感动。"

## "我一万次地请求你们，
## 今后再也不许送什么东西来了"

胡耀邦故居陈列室里，保存着一封由胡耀邦亲笔写给金星大队党支部书记龚光繁的信。这封信写于1961年1月12日。信的内容如下：

光繁同志并党支部同志[①]：

现在耀简先回来，耀福过四五天后也就回来。

不久前，我曾经给公社党委详细地写了一封信，请求公社和你们一定要坚决劝止我哥哥、姐姐和一切亲属来我这里。因为：第一，要妨碍生产和工作；第二，要浪费路费；第三，我也负担不起。但是，你们却没有帮我这么办。这件事我不高兴，我再次请求你们，今后一定不允许他们来。

这次他们来的路费，听说又是大队出的。这更不对。中央三番五令要各地坚决纠正"共产风"，坚决严格财务管理制度，坚决退赔一平二调来的社员的财物，你们怎么可以用公共积累给某些干部和社员出外作路费呢？这是违反中央

---

[①]高勇：《我给胡耀邦当秘书》，人民出版社2016年版，第80—82页。

的政策的啊！如果社员要追查这些事，你们是负不起这种责任的啊！请你们党支部认真议议这件事。一切违反财政开支的事，万万做不得。做了，就是犯了政治错误。

送来的冬笋和芋头，这又是社员用劳力生产出来的东西。特别是在现在的困难时期，大家要拿来顶粮食，你们送给我也做得不对。但是已经送来了，退回来，又不方便。只好按你们那里的价值，退回24元，交耀简带回。请偿还生产这些东西的社员。在这里，我一万次地请求你们，今后再也不许送什么东西来了。如再送，我得向你们县委写信，说你们犯了法。

…… ……

胡耀邦

一九六一年一月十二日

信的后面还附了一张清单，胡耀邦列举了上一年7月份收到的农产品，清单上详细地记录：

1.茶油15斤，每斤0.54元，共8.1元；

2.豆子10斤，每斤0.1元，共1元；

3.油饼60个，每个0.08元，共4.8元；

4.熏鱼20斤，每斤0.7元，共计14元；

5.一共27.9元，交胡耀福带回，务必退回公社。

 

    1960年，正值三年困难时期，龚光繁当时在胡耀邦的老家浏阳文家市公社金星大队任党支部书记。1958 年，大队建了一座小型水库，但在当地买不到发电机，经大队党支部研究，便请胡耀邦的胞兄胡耀福和堂弟胡耀简两人一同去北京，向胡耀邦求助。这次进京，因为是办公事，路费可以报销。当时因为胡耀邦的母亲也在北京居住，所以他们就顺便给老人家捎了一些冬笋和芋头。同时，公社党委也准备了一些家乡的土特产送给老人，这是家乡人表达心意的一种方式。胡耀福和胡耀简去了胡耀邦家，直截了当地讲了家乡大队领导的请求。胡耀邦认为修水库发电是件造福百姓的大好事，同意帮忙买发电机，但是对于他们两人用公款作路费以及送来一些土特产这两件事情十分生气。他当即提笔给家乡文家市公社金星大队党支部书记龚光繁以及金星大队党支部写了一封长信和一张便条，并按照市价退回了土特产的价款。

    龚光繁在写信时客套了一下，也被胡耀邦批评了一顿："要写实在的情况，不许虚夸，也不许隐瞒。你们说我对家乡有无微不至的关怀，这不合乎事实。一切不合乎事实东西都叫虚夸……听说我叔叔的儿子耀焘哥生活较为贫困，我没有能力过多地帮助他，送给他两件旧衣服，请你们转告他，让他好好生产，努力改善自己的生活吧。至于其他亲属，我实在无力接济，如有人提出再来找我，也请你们劝阻，再三地希望你们搞好社员的生活和全队的生产。"①

## "我们家的人不应该走后门"

1968年，胡耀邦的女儿满妹被分配到北京市造纸总厂当车工。一年之后，看到大家陆续都去参军了，她就自作主张，找到了父亲在晋察冀野战军纵队时的搭档——时任北京军区司令员郑维山。她托警卫员带话："我是胡耀邦的女儿，想请郑司令员帮我去当兵。"在当时的情况下，能当上兵，满妹深感不易。她在回忆录中写道："我根本不在乎兵种如何、部队驻在何地，乐不可支地来到当时全军最大的柏各庄农场，在师医院当了名卫生兵。"

---

① 梁俊英：《胡耀邦：两袖清风赤子心》，《党史纵览》2015年第11期。

　　当兵期间，满妹发现身边的战友接二连三地被推荐上了大学。苦闷的她给父亲写信，希望父亲能托关系，让她也有个上大学的机会。胡耀邦很快回信教育她："你原先分配在工厂，后来当兵我是不知道的，内心也是不赞成的，因为是走的后门。现在又提出想上大学，我认为你应该靠自己的能力，既要注重学习书本知识，又要到社会实践中去学习。我们家的人不应该走后门，而要通过自己的努力去实现自己的愿望和理想……"那时的满妹完全不能理解父亲，把信撕得粉碎。自此以后，她再也没有指望能沾父亲的半点光。后来，满妹每当回忆起当年撕信的情景，总是满心愧疚。

　　胡耀邦当选为党的主席那天，召集家人开了个家庭会议。他把在家的人都叫到小客厅，郑重地对大家说："中央可能要我担任非常重要的职务。我想先向你们打个招呼。今后不管在什么情况下，千万不要以为天恩祖德，千万不要忘乎所以。如果你们中有任何人出了问题，只能是自己负责。"①

①满妹：《思念依旧无尽——回忆父亲胡耀邦》，北京出版社2011年版，第309页。

胡耀邦任总书记期间，社会上出现了"出国热""经商热"。看到一些朋友相继出国留学或进修，拿到高文凭，获得高学位，还是"工农兵学员"的满妹也动心了，觉得自己也应该出国深造。当时，日本的一个学术团体找到满妹，问她是否愿意到日本进修，读个学位或者走走看看都没问题，费用不用担心，并可以带着先生和孩子一起来，时间长短可自己决定。满妹考虑了很久，可想到那次家庭会议，想到父亲多年的要求，谢绝了对方的好意。在胡耀邦任职期间，胡家兄妹唯恐有损父亲的形象和影响党的声誉，都自觉做到"四不"：一不干政，二不要官，三不经商，四不出国。全家一直过着普通人的生活。①

胡耀邦教育子女非常严格，同时也非常注重培养孩子的感恩之心。1945 年冬，胡耀邦担任冀热辽军区政治部主任，将赴前线作战。胡耀邦夫妇无奈把在延安出生的刚满月的二儿子刘湖托付给陕北老乡刘世昌。当时，胡耀邦就对刘世昌说："我们感激你在我们困难的时候来领娃，我们说话算数，娃，你养大了，就是你家的娃。"新中国

---

① 高茵颖：《胡耀邦铁面办家事》，《领导之友》2016年第18期。

成立后，刘世昌一家辗转到了青海。13岁时，刘湖小学毕业，各门功课成绩优良。此前，胡耀邦从未来找过儿子。当得知胡耀邦已在北京任职，刘世昌和妻子犹豫再三后，硬是把含辛茹苦养大的刘湖送回了北京。当胡耀邦看到刘世昌时，愣了半晌说不出话，他拍着刘湖的头说："记住，刘世昌永远是你父亲！"此后每逢寒暑假，刘湖就会去看望刘世昌夫妇。胡耀邦夫妇不止一次教育儿子刘湖，叮嘱他不要忘记陕北父母的养育之恩。

1995年，胡耀邦堂侄孙胡厚坤担任中和乡党委书记，那一年他去北京看望李昭奶奶。吃饭的时候，李昭语重心长地对他说："厚坤啊，你现在是家乡的父母官，现在外面的风气很不好。你要注意，别人能干的有些事，你不能干。"胡厚坤问："为什么？"李昭说："为什么啊，因为你是胡家子孙，你要保住胡家这面大旗不能倒啊。"胡厚坤想，这面大旗就是"一身正气两袖清风"吧！①

---

① 胡厚坤：《胡耀邦家风二三事》，《毛泽东研究》2015年第5期。

## "回去好好干吧，别给我丢脸，要为我争光哟"

胡耀邦三姐胡菊华有两个儿子，老大叫曾德盛，老二叫曾德法，两兄弟都在家乡务农。俗话说："外甥多像舅。"曾家兄弟神形无不酷似舅舅胡耀邦。虽有个令人羡慕的舅舅，但曾家兄弟从不炫耀，也没有攀附舅舅，而是跟当地农民一样，默默无闻地在乡里耕田种地，住着低矮简陋的泥瓦屋。

新中国成立后，在京城身居要职的胡耀邦一直不让家乡的亲属去北京探访。由于胡耀邦一贯的严格要求，曾家两兄弟未曾上京探访过舅舅。胡耀邦任中共中央总书记后，曾家兄弟耐不住了，未经舅舅的许可就结伴自费去了一趟北京。兄弟俩在舅舅家住了几天，顺便参观了故宫和长城。在北京期间，曾家兄弟俩实在想留下来找点事干，但又不敢跟胡耀邦直讲，只是对胡耀邦身边的工作人员说："要是舅舅能安排我俩在北京城干点杂活，如给单位守门、扫地也好！"工作人员将兄弟俩的心思转告了胡耀邦。胡耀邦严肃而温和地开导外甥："你们想我给安排工作，这怎么行呢？你们决不能因为有我这舅舅而沾光呀！如今改革开放，有的是致富脱贫门路，回去好好干吧，别给我丢脸，要为我争光哟！"

回家后，曾德盛一家加入南下的打工者行列，去广东求发展。曾德盛的儿子先行到深圳，在罗湖区租下一间小屋，早出晚归，在街头摆报摊。生意有了起色后，就把妻儿和父亲曾德盛一起接到深圳，增开了几个零售书报摊，一家子干得有滋有味。曾德盛的长相酷似胡耀邦，尽管他未曾向任何人透露过自己是胡耀邦的亲外甥，但在卖书报的过程中还是引起了不少顾客的注意和猜疑，以致许多新闻记者前来采访，还发出了《胡耀邦的亲外甥在深圳摆报摊》等报道。媒体宣传使他们的书报摊生意十分红火。讲到这些，曾德盛动情地说："在生意上，我确实是沾了舅舅蛮大的光。"

曾德法自北京回乡后，仍耕种着自家的几亩农田，过着勤劳俭朴的农家日子，耕作之余还做泥水匠，在当地花炮厂干些管理工作。虽没有哥哥做生意挣钱多，但日子过得倒也很殷实。不事张扬，不曾攀附，没有埋怨，没有遗憾，胡耀邦的嫡亲外甥和中国的老百姓一样，凭着自己的聪明才智和辛勤劳动，过着快乐充实而又平凡的生活！①

———————————

① 余振魁：《胡耀邦的两个外甥》，《湘潮》2008年第10期。

## "共产党人是给人民办事的，不是给一家一族办事的"

1962年，胡耀邦兼任湘潭地委书记时，回到了阔别30年的家乡。哥哥胡耀福闻讯赶来，请他回家。胡耀邦没有回去。哥哥向他诉说了家里的许多困难，他拿出10元钱给了哥哥，说道："我是地委书记，要管一个地区的事，家里有困难不要找我，要靠自己来解决。"就这样，他的哥哥嫂子及两个侄子一直在老家当农民。

胡耀邦的小儿子胡德华关心妹妹的学习，1974年，他写信给母亲，希望父母在妹妹考大学时托人找找门路。不久，胡德华便收到了父亲的回信，信中说：如果你相信这种没落的东西会永远存在下去，你就不但不配做一名信仰马克思主义的共产党员，甚至连一名资产阶级进化主义者都不如。胡德华看完信，头上直冒冷汗。直到1976年，胡耀邦的小女儿才由工厂推荐上了大学。1977年，胡德华大学毕业，征得父亲同意，决定到外地工作。他认为，只有这样才便于身为中央组织部部长的父亲开展工作。许多年来，亲戚朋友们都劝胡耀邦将胡德华调回北京，胡耀邦却对此不以为然，他认为儿子在外地靠自己的努力这么多年，没必要回到北京。

对于亲友，胡耀邦有个不成文的规矩：不许亲友进京找他办私事，更不许亲友打着他的招牌办私事。胡耀邦的一个侄儿曾经去看望某县一个领导，言谈中透露出想找个工作的念头。那位领导与胡耀邦相熟，便答应了。得知此事后，胡耀邦很生气，对这位领导说："你这不是拆我的台吗？"坚持要这位领导把侄子退回农村去。

不仅如此，胡耀邦对家乡人也十分"苛刻"。他曾经给中央办公厅写过一份备忘录，不许他家乡的人向国家要物资、资金和特殊政策。他自己也一再向家人说："我不能为家乡谋取特殊利益。"

1985年3月，时任中共岳阳县委书记的许志龙到胡耀福家看望。胡耀邦在湘潭地委工作时，许志龙曾在胡耀邦身边工作过。当许志龙看到胡耀福一家人都在当地务农，而且家境一般时，他决定将胡耀福的儿子胡德资招工到岳阳。胡德资被安排到岳阳县物资局工作。去后不久，许志龙夫妇到北京看病，胡耀邦请他们到家中做客。吃饭的时候，许志龙向胡耀邦汇报将胡德资招工到岳阳的事情，胡耀邦听后很生气，当即打电话给时任湖南省委书记毛致用，要他立刻批示岳阳县委取消侄儿招工一事。就这样，胡德资去岳阳工作还不到一个月就给退回来了。胡耀福见儿子胡德资被退回来，很是生气，立马进京找弟弟胡耀邦理论。他一见到胡耀邦就大声责问："你忘恩负义，德资招工的事是别人帮忙，又没找你，你不帮忙就算了，还打电话把他退回来，你真是绝义无情。"胡耀邦也生气地说："那就是打着我的牌子，看着我的面子，就是乱来，共产党人是给人民办事的，不是给一家一族办事的。"胡耀邦的秘书和勤务员听到争吵声，一齐上前劝阻，李昭向他们挥手道："你们走开，不要管，这是家事！"胡耀福气冲冲地离开了，临走时发誓道："从今后，你做你的官，我当我的农民，我这一辈子再也不来了！"

1985年7月，胡耀邦生病的消息传到老家，胡耀福再也沉不住气了，决定赴京探望。那时候，办身份证还没普及，为了减少旅途麻烦，临出发前他在村委会开了一个身份证明。在长沙火车站，胡耀福排了很长时间的队，才买到一张长沙开往北京的火车站票。进入拥挤的车厢，他将行李塞在别人的座位下面，在过道里找个位置坐下来。过道里人来人往，没过多久，他身上就留下了一道道脚印，脏兮兮的。这时，一位女乘务员见他一副乞丐模样，便上前问道："老人家，你去哪儿？有证明吗？"胡耀福立刻说"有，有的"，便从衣袋里掏出一张揉得皱巴巴的纸。女乘务员接过去，只见纸上写道："兹有我村村民胡耀福同志前往北京探亲，其弟胡耀邦系党中央总书记。特此证明。浏阳县中和乡苍坊村委会。"女乘务员看后，脱口而出："什么，你是胡总书记的哥哥？"一看，果然与胡耀邦的相貌十分相似！列车上顿时起了一阵小小的骚动，旅客们纷纷起身让座，女乘务员一把牵着胡耀福的手说："胡大爷，您跟我来，先洗一洗，然后到卧铺上睡一觉。"胡耀福摇了摇头，说："洗一洗可以，这卧铺就不要了，我没有那么多钱。"旅客们纷纷掏钱，女乘务员说："大爷，您只管放心，不用您掏钱！"胡耀福颇有几分惊恐地挣脱女乘务员的手，说道："啊，那不行不行，如果——"他立刻打住，没有说出"如果"的下文，那"下文"是，如果弟弟知道了，又会生气的。

在胡耀邦当总书记的日子里，不管家中条件如何差，家乡的亲人都渐渐理解了胡耀邦的难处，因为他对自己要求严格，对家人也是一样。在不同的场合，他曾多次说到这样一句话："一个人，只有做到了无私，才能做到无畏，做工作才有说服力。共产党员要求人家做的事情，首先要自己做到。"[1]

1992年9月，胡耀邦一直在家务农的胞兄、80多岁的胡耀福老人逝世时，有人送来一副挽联："国中有典型，两袖清风做赤子；天下无先例，一代'皇兄'是农人。"在当地，一直被传为佳话。

习近平总书记在纪念胡耀邦同志诞辰100周年的座谈会上说："我们纪念胡耀邦同志，就是要学习他公道正派、廉洁自律的崇高风范。同胡耀邦同志接触过的人，都有深切的感受，他一身正气、品节高尚。他总是教导大家要有公道待人的好作风，要有刚直不阿的革命正气，要理直气壮、光明正大地讲党性、讲公道话。他宽以待人、顾全大局；他心口如一、言行一致；他坚持任人唯贤、五湖四海。他提出要同存在着的不正之风作坚决的斗争，扭转风气，窍门就是抓住不放、顽强到底。他对腐败行为深恶痛绝，严肃指出要用最大的决心、最大的毅力、最大的韧性狠狠抓贪污腐败、以权谋私这件事。对自己和家人，胡耀

---

① 胡厚坤：《胡耀邦家风二三事》，《毛泽东研究》2015年第5期。

邦同志的要求格外严格，他说共产党人是给人民办事的，不是给一家一族办事的！"①

中华民族历来重视家庭。中华民族传统家庭美德铭记在中国人的心中，融入中国人的血液中，是支撑中华民族生生不息、薪火相传的重要精神力量，是家庭文明建设的宝贵财富。家风是社会风气的重要组成部分，在中华民族伟大复兴的进程中，需要以千千万万家庭的好家风支撑起全社会的好风气，特别是领导干部要带头抓好家风。习近平总书记强调："领导干部的家风，不仅关系自己的家庭，而且关系党风政风。各级领导干部特别是高级干部要继承和弘扬中华优秀传统文化，继承和弘扬革命前辈的红色家风，向焦裕禄、谷文昌、杨善洲等同志学习，做家风建设的表率，把修身、齐家落到实处。"②建设和弘扬优良家风，绝不是一件小事，而是关系到整个社会风气，关系到党和国家前途与命运的重大原则问题。在家风问题上，胡耀邦做到了严于律己、以身作则、铁面无私，为全

---

① 习近平：《在纪念胡耀邦同志诞辰100周年座谈会上的讲话》，《人民日报》2015年11月21日，第2版。
② 习近平：《习近平著作选读》第一卷，人民出版社2023年版，第547页。

体党员干部树立起了一个光辉的榜样。胡耀邦的优良家风
是留给我们的宝贵精神财富，也是他一生中高尚情操的生
动写照。

# 五

林伯渠

「做人民的勤务员」

林伯渠（1886—1960），原名林祖涵，湖南临澧人，著名的无产阶级革命家和杰出的政治家，"延安五老"之一，为中国革命作出了诸多重要贡献，在建立革命统一战线、政权建设、财政经济发展等方面的贡献尤为显著。林伯渠参加了南昌起义、长征等重要革命活动。长征到达陕北后，出任陕甘宁边区政府主席等职。新中国成立后，任中央人民政府委员会秘书长，第一、二届全国人大常委会副委员长。

邓小平评价林伯渠称："他经历了资产阶级领导的旧民主主义革命、无产阶级领导的新民民主主义革命和社会主义革命三个阶段。在每个革命的历史阶段，他都是彻底的革命派，为中国人民的解放事业作出了不可磨灭的贡献。"在工作上，林伯渠勤奋好学、清正廉洁，始终将人民放在心中，永葆共产党人的初心本色。在生活上，他勤俭节约，艰苦朴素，以身作则，带头示范，用自己的言传身教影响家人，树立起勤于学问、克己奉公、艰苦朴素的良好家风。

## "像我这样的人，应当如何学习"

林伯渠一生勤于学问，不断学习新知识、追求新思想。他学习的内容十分广泛，既有儒家、道家等学派的经典著作，也有各类历史名人的著作。

林伯渠父亲林鸿仪是名秀才，办过私塾。林伯渠10岁时就跟随父亲接受私塾教育，不到两年时间就学完了四书五经。1902年，他考入湖南西路师范学堂，两年后被选送到日本东京弘文学校公费留学。留学日本期间，他不仅对财政学和统计学等进行了深入研究，而且对民法、刑法、国际公法和行政法等也产生了浓厚的兴趣。加入中国共产党后，林伯渠开始系统学习马克思主义，并运用这一理论分析中国问题、探寻救国救民之道。

读书是林伯渠一生的事业，他求知若渴、从不自满，"不管是在陕北的窑洞里，还是在行军途中，他总是尽可能挤出时间学习，思考和钻研理论问题"。[1]时任富县县委书记的谢怀德回忆林伯渠在边区政府工作时曾说："林老在边府工作期间，每当我们看见他时，他手里总是拿着

---

[1]中共临澧县委编：《怀念林伯渠同志》，湖南人民出版社1986年版，第10页。

书。我们夜晚路过他的门前，常常看到他在读书。林老学习十分刻苦，他孜孜不倦地学习马列著作和毛泽东著作，不断地阅读古今中外名著。"①在六十岁寿辰时，林伯渠专门就学习问题向毛泽东请教，他问毛泽东："像我这样的人，应当如何学习？"毛泽东说："讲到底，我觉得还是三个问题，像你我这样的老党员，也还要在立场、观点、方法三个方面去努力。"1955年，林伯渠已是中共中央政治局委员、全国人大常委会副委员长，当他回到故乡临澧县考察时，在座谈会上对临澧县委的同志说："毛主席的《矛盾论》、《实践论》是马克思主义理论宝库中的重要文献，……它不仅过去指导中国革命取得了胜利，而且对指导现在和将来的革命和建设都具有重要意义，不好好学习可不行啊！我们是革命者，时代赋予我们的使命就是革命，要革命就要好好学习，决不能借口工作忙而忽视学习，不好好学习就要落后于形势的发展。"他又结合自身经历说道："我跟随毛主席革命几十年了，又是在毛主席的身边工作，对于毛主席的理论著作感到还没有学好，

---

①中共临澧县委编：《怀念林伯渠同志》，湖南人民出版社1986年版，第147—148页。

还要继续好好学习。就拿《矛盾论》、《实践论》来说，我在延安时经常学习，到了北京还继续学习。我这次受毛主席的嘱托，下来走一走，看一看，搞点调查研究，也就是在学习。"①

　　林伯渠深刻认识到学习对一个人成长的重要意义，因此他也将这种学习的精神注入到对子女的教育中。据林伯渠幼子林用三回忆："为了让我能够真正学到一点东西，父亲费了不少心血。常常抽空为我圈点大字，为我修改日记；还经常检查我的作业，了解我的学习成绩；有时候还让我唱一两支歌，考考我的音乐。"在这样的教育过程中，林伯渠逐渐发现了林用三的志趣，他对林用三说道："看来你不是天才，也不十分聪明，但是只要努力，还是可以做一个好的技术人员。"②林用三后来果然如父亲预期，从哈尔滨军事工程学院自动控制专业毕业后，成了一名出色的工程师。林伯渠不断用自己的经历鞭策子女刻苦学习。他经常对子女回忆自己接受马克思主义世界观的经

①中共临澧县委编：《怀念林伯渠同志》，湖南人民出版社1986年版，第252—253页。
②中共临澧县委编：《怀念林伯渠同志》，湖南人民出版社1986年版，第273页。

过，说："当时，国内马列主义文献极少，能读到的只有《共产党宣言》，此外，还有一本《共产主义ABC》。但是，毛主席能够从中掌握马克思主义的根本原理，并运用于中国实际。"他认为自己未能如毛主席那般掌握马克思主义根本原理，原因在于思想易停留在表面，思考问题不深入，学习又不够刻苦。他将这个故事反复讲给子女听，以此作为训诫。

## "我们的住房比农民的不知好多少倍"

林伯渠永远将党的利益、国家的利益、人民的利益置于个人的利益、家庭的利益之上，无论是在革命战争年代还是在革命胜利后的和平时期，无论是在西北破旧的窑洞里还是在新中国成立后的北京城里，林伯渠都始终保持克己奉公、艰苦朴素的本色，一切以党和人民需要为原则，彰显出共产党人"先天下之忧而忧，后天下之乐而乐"的高尚情怀。

林伯渠曾赴苏联学习工作，"当时苏联的生活水平还不高，学校还没有自己的食堂。许多人都是到普通的'中国工人'食堂用餐，林老也一样。但他从不叫苦"①。在担任陕甘宁边区主席时，林伯渠一直居住在延安南门外边区政府所在地的一个土窑洞里，饮食上也从未因自己位高权重或年事已高而提出什么特殊要求，都是去食堂和大家吃一样的饭菜。②新中国成立后，林伯渠住在中南海怀仁堂后面。房子年久失修，管理局多次建议修理，他就是不同意，说："我们的住房比农民的不知好多少倍。"为此，房屋维修拖了将近十年，直至窗户透风、房梁因未加固可能发生危险，他才勉强同意修理。1951年，林伯渠率代表团出国参加苏联的"五一"节纪念活动，被安排住在高级旅馆里。他在使用宾馆房间里的自来水时，总是把水龙头开得很小。当别人告诉他水费很便宜，无须过分节省时，他说："不管多么便宜，都是苏联人民的劳动成果，要爱惜。"③对于林伯渠来说，这种艰苦朴

①中共临澧县委编：《怀念林伯渠同志》，湖南人民出版社1986年版，第81—82页。
②中共临澧县委编：《怀念林伯渠同志》，湖南人民出版社1986年版，第119页。
③中共临澧县委编：《怀念林伯渠同志》，湖南人民出版社1986年版，第265页。

素、时刻不忘人民的精神早已融入血液、刻进骨髓，成了一种近乎本能的行为。

林伯渠以同样的标准严格要求子女，让他们从小养成艰苦朴素的品格。1942年，为了让孩子了解农民的生活和劳动、从小培养对农民的感情，林伯渠将不到3岁的儿子林用三送往农村。他对林用三说："我们的被子、衣服、用品全是公家发的，哪一样也不是自己的，是老百姓给我们的，我们是无产阶级的人。作为无产阶级的人，就要具有无产阶级大公无私的优秀品质，就要全心全意为人民服务，做人民的勤务员。"1953年，林用三小学毕业后，通过升学考试进入北京101中学学习。在送林用三上学时，林伯渠说："你还年轻，还应该继续过集体生活。"初中毕业后，他又对林用三说："我看你还算一帆风顺，可并不了解社会。初中毕业以后，你就考市里中学，过过走读生活，去了解了解社会吧。"林伯渠让林用三放弃了上干部子弟学校的机会，进入市里的普通中学就读。高中期间，林用三与那些出身普通的同学存在着一定隔阂。对此，林伯渠提出了严厉批评："我看你越来越变了。你小时候，对老百姓的苦生活还有同情心，现在为什么就不同情了？

他们能有你这样的条件吗？你有的是时间，为什么不到你那些同学家里去看看呢？"他又批评道："我看你还是只爱和干部子弟交朋友，不喜欢和老百姓交朋友，他们当然不喜欢你，这就是脱离群众。你应该主动和他们交朋友，应该向他们好的地方学习。"①这使林用三的心灵受到了强烈震撼，林用三此后始终将"为人民服务"作为为人处世的基本原则与最高追求。

## "去东北后，你切不可要求组织上让你和我通电报"

作为党和国家的重要领导人，林伯渠从未因自己的特殊地位而为自己争取任何特殊的权利或待遇。对于自己的家人，林伯渠同样严格要求，坚决拒绝搞特殊化，要求家人不能占国家便宜，要永远做人民的公仆。

在中央苏区工作时，林伯渠先后担任中华苏维埃共和国临时中央政府国民经济部部长、财政部部长等要职，但他一贯廉洁奉公、坚持原则，在妻子范乐春和孩子的生活

①中共临澧县委编：《怀念林伯渠同志》，湖南人民出版社1986年版，第274—275页。

费安排上，一直严格遵守组织规定，一点也不多给。1934年10月，中央红军在第五次反"围剿"中遭受严重挫折，被迫撤离中央根据地，开始长征。当时，范乐春分娩不久，组织上决定让她留在根据地坚持斗争。林伯渠决定服从组织安排。临别时，林伯渠克制着心中的不舍与悲伤，安慰妻子说："我们都是党的儿女，革命的需要高于一切。"他还叮嘱范乐春："你一定要和群众在一起，要保持一个普通老百姓的本色，不能有任何特殊。要和老百姓打成一片，有了老百姓，你就有饭吃，你就能开展工作；脱离了老百姓，你拿了钱也没处用。"后来，范乐春与邓子恢、张鼎丞等同志一起，坚持在闽西根据地进行艰苦的武装斗争，直至不幸病逝。①

延安时期，林伯渠长期担任陕甘宁边区政府主席，可谓位高权重，此时的他尤为注意对子女亲属严格约束，有意识地培养他们艰苦朴素的生活作风，坚决杜绝特殊化的苗头，要求他们建立"革命观点、劳动观点、群众观点"。林用三讲述过一个亲身经历的故事。他在延安上小

---

①中共临澧县委编：《怀念林伯渠同志》，湖南人民出版社1986年版，第26—27、70页。

学时，延安常常有秧歌戏表演，非常热闹。有一天放学，正赶上演秧歌戏，广场上围了很多人，林用三因人小个子矮，怎么也挤不进去。有几个认得他的叔叔硬是把人墙扒开，把他塞了进去。戏散后，回家途中，他正好碰上来找他的警卫员。警卫员说："快回去，你爸爸让我来叫你哩！"林用三连忙跑进父亲林伯渠居住的窑洞。林伯渠看到他后，生气地问道："你凭什么把别人挤开，自己坐到前排去看戏？"林用三虽然心中委屈，但立刻明白了父亲生气的原因，因为父亲已经不止一次地告诉过他，绝不可以有丝毫的特殊。①在林伯渠的教导下，林用三从小就自己拿着碗到大灶和一般干部、战士一道吃饭，上学后也住在学校，和同学们一起过集体生活。②

　　林利是林伯渠的三女儿，1938年前往苏联学习。1946年秋，林利从苏联回到延安。当时正值解放战争爆发，国共两党正在进行殊死较量。尽管林伯渠与林利这对父女已经八年未见，但在短暂的相聚后，林利还是因工作需要，

①中共临澧县委编：《怀念林伯渠同志》，湖南人民出版社1986年版，第271页。
②中共临澧县委编：《怀念林伯渠同志》，湖南人民出版社1986年版，第262页。

被组织派往东北工作。林伯渠对林利说："多年不在一起，本来是想让你留在身边的，但是，要服从组织的决定。"临行前，边区政府后勤部的同志准备给林利做一套棉衣。林伯渠得知后却说："不必做了，她到了自己的工作地点后，公家会发的。"当时胡宗南指挥下的国民党军正大举进攻延安，临别之际，林利问林伯渠何时转移，林伯渠说："我是陕甘宁边区政府主席，边区遭到进犯，我必须留在这里，和边区人民在一起。"听到父亲要留下坚持斗争，林利不由得愣了，林伯渠仿佛看透了女儿的心思，说道："还要提醒你一件事，去东北后，你切不可要求组织上让你和我通电报。"直到后来，林利才真正体会到林伯渠这一嘱咐的深切用心，"当时面临着规模空前的战争，多少家庭、亲人处在不同的战场上，音讯阻塞，彼此悬念。电报是为解放战争服务的工具，为私事通电报将是不可容许的特殊化表现"①。

新中国成立后，子女皆已独立成家，但林伯渠依旧担心他们会受到特权思想的侵蚀。林利说，林伯渠最操心

---

① 中共临澧县委编：《怀念林伯渠同志》，湖南人民出版社1986年版，第263页。

的就是"在全国胜利的气氛中，我可能会漠视艰苦朴素的作风，会在生活上搞特殊化"。因此，每当林利去看他时，只要他觉得林利的穿着不够普通，就要批评，经常质问林利："你凭什么能穿这样的衣服，这衣服是哪里来的？""谁叫你穿这衣服？赶快换了。"[1]他仍然像在延安时期一样，让子女去食堂吃饭，从来不用汽车接送他们。林伯渠就是通过这种严厉而又恳切的教导，将反对特殊化的思想一点一滴地灌输到子女的头脑中，杜绝了他们"自来红"的政治优越感。

---

[1]中共临澧县委编：《怀念林伯渠同志》，湖南人民出版社1986年版，第263页。

# 六

## 谢觉哉

### 用纪律规范亲情

谢觉哉（1884—1971），字焕南，湖南宁乡人，中国共产党的老一辈无产阶级革命家、政治家，杰出的社会活动家，我国人民司法制度的奠基者之一，"延安五老"之一。谢觉哉长期从事法律工作，在中央苏区工作时，曾主持和参加起草多项法令条例，全国性抗战时期，担任陕甘宁边区政府高等法院院长。新中国成立后，任中央人民政府内务部部长、最高人民法院院长等职。

谢觉哉虽身居高位，但从不以元老自居。他严格要求配偶、子女及亲属，带头树立孝亲敬老、不徇私情、勤恳独立的良好家风。

## "奉侍老人不是封建，不是资产阶级思想，而是人类的美德，是共产主义社会崇高的美德"

新中国成立后，为肃清当时社会中残存的封建势力和思想文化，党和政府相继采取了一系列措施，对于树立新的社会风尚，巩固新生的人民民主专政政权起到了积极作用。但也正是在这个过程中，一些人的认识出现了偏差，孝亲、敬老等中华民族的传统美德被笼统当作封建思想和资产阶级道德受到批判，遗弃父母、虐待老人等现象时有发生。有人甚至认为："社会主义'按劳取酬'，不能劳动，受冻挨饿是活该！做儿女的不能代父母负责！"

谢觉哉基于对人类社会规律的分析，认为父母子女之间存在着一条天然的情感纽带："人——从生到死即从小到老：中间是'养人'——劳动力强壮时期；两头是'人养'——幼小时期和衰老时期。这是人类生活的自然规律，绝不因社会制度不同而改变。"①他将孝老爱亲看作是人类的基本情感和共同美德，指出："奉侍老人不是封建，不是资产阶级思想，而是人类的美德，是共产主义社会崇高的美德。""那些不养父母的人要父母去合作社找'五保'或者索性推出门不管，那不是前进而是后退，后退到丧失人类庄严的本质，他们不只是应当受到社会的指责，而且应当受到法律的制

---

① 谢觉哉：《谢觉哉杂文选》，人民文学出版社1980年版，第165页。

裁。"①在写给亲属的家书中，他反复教导后辈敬老爱老："父母对儿女是爱的，你们在外的，应常把你们的生活情况、进步情况，所看到的事情，告诉父母、祖父母，既可以练习文字，又可开发家里人的脑筋。老人们知道你们过的快活，他们也会随着快活。"②

## "不要认为地位高的人可以说情，
## 这是旧社会的习气"

1927年大革命失败后，谢觉哉离开家乡湖南，从此与亲人音信不通，直到10年后的1937年才得以再次通信。也正因为如此，他对家乡的妻子儿女一直感到十分愧疚。1939年9月，在写给夫人的家信中，谢觉哉说："四十一年当中，我在外的日子占多半，特别是最近十几年，天南地北，热海冰山，一个信没有也不能有……家庭生活儿女婚嫁的事，我从来没有管过，

①谢觉哉：《谢觉哉杂文选》，人民文学出版社1980年版，第166、168页。
②谢觉哉：《谢觉哉家书》，谢飞编选，生活书店出版有限公司2015年版，第74页。

现在更来不及管。这付（副）繁重的担子，压在你的肩上，已把你压老了罢！我呢，连物质上给你的帮助，都很少很少，这是对不起你的事！"①谢觉哉离家时，女儿蔼英才10岁。1945年，谢觉哉曾经有信盼其去渝聚首，未料蔼英不久即病亡，父女二人终未能再见。消息传来，谢觉哉悲痛地写下一首《哭蔼英》："欲哭无从哭，十九年前貌恍惚。欲哭苦无泪，丧乱重重乡里隔。我离家，汝尚雏。惭我拙，教养疏。依母朝朝事劳作，望父年年消息恶。"②对女儿的愧疚和自责，跃然纸上。

需要注意的是，谢觉哉虽然一直对家乡和亲人怀有浓浓的眷恋之情，却也十分注意以党的纪律和规定约束自己的这种情感，不将个人感情掺杂到工作中。1949年10月，当他担任中央人民政府内务部部长的消息传到家乡后，乡亲们议论着，穷山沟里出了个大官，真了不起，家人们也想到北京去谋个好前程。当两个久未谋面的儿子提

①谢觉哉：《谢觉哉家书》，谢飞编选，生活书店出版有限公司2015年版，第21—24页。
②谢觉哉：《谢觉哉家书》，谢飞编选，生活书店出版有限公司2015年版，第45页。

出想搭便车来北京看父亲时，谢觉哉说："儿子要看父亲，父亲也想看看儿子，是人情之常。"但他同时又委婉地拒绝道："刻下你们很穷，北方是荒年，饿死人；你们筹措路费不易，到这里，我又替你们搞吃的住的，也是件麻烦事……打听便车是没有的。因为任何人坐车，都要买票。"①1956年，谢觉哉80多岁的堂哥谢凡宣写信请求其为家乡友人后辈推荐工作，谢觉哉回复道："无论什么机关、厂矿招收员工，都要经过考取或由一定机关调用。没有可由私人推荐的，荐了也没有效果。"②1960年，当外孙姜忠提出调动工作，想请外祖父帮忙时，谢觉哉回信说："姜忠调工作的问题，我不知道可不可调，如果可调，姜忠可以自己请求，如不可调，那旁人说也是空的。"他告诫家人："不要认为地位高的人可以说情，这是旧社会的习气。"③

---

①谢觉哉：《谢觉哉家书》，谢飞编选，生活书店出版有限公司2015年版，第63页。
②谢觉哉：《谢觉哉家书》，谢飞编选，生活书店出版有限公司2015年版，第132页。
③谢觉哉：《谢觉哉家书》，谢飞编选，生活书店出版有限公司2015年版，第157页。

谢觉哉之所以如此"不近人情"地对待家人与亲属，是因为他始终牢记共产党员的身份和职责。在1950年的一封家信中，他曾对家人说："我们是以身许国的共产党人。""共产党是一种特别的人，他不能多拿一个钱，他的生活不能比一般人高。"①在他看来，共产党员的宗旨就是为广大劳动人民服务。他曾说："人民革命，替人民造下一发展机会，并不能也不应给人或一部分人以不费力的好处。"②谢觉哉尤其强调领导干部的楷模作用。早在延安时期，他就曾提出："中国共产党是无产阶级的先锋队，同时也是民族民主革命的领导者。要广大群众跟着我们走，不是命令或统治他们，而是靠党员的模范作用。"如果"州官可以放火"，哪能去"干涉百姓点灯"，"公家人"必须是自觉"遵守法令的模范"。

---

① 谢觉哉：《谢觉哉家书》，谢飞编选，生活书店出版有限公司2015年版，第86、82页。
② 谢觉哉：《谢觉哉家书》，谢飞编选，生活书店出版有限公司2015年版，第104页。

## "工作应该向胜过自己的比，
## 生活应该向低于自己的比"

望子成龙，望女成凤，是父母对子女的普遍期望。如何教养和对待子女，是衡量一个人亲情观正确与否的重要标准。从生物学的角度看，爱护子女、扶助后代是一种生物本能。心理学研究表明，父母往往把子女看成是自己在社会生活中的投影和生命的延续，希望他们完成自己未竟之业，光大自己已成之事。

谢觉哉共育有子女10余人，其中不少是在他年过半百后所生。对于这些孩子，谢觉哉在疼惜之余却没有丝毫溺爱，一直教导他们树立正确的身份观和价值观。他主张子女们工作应该向胜过自己的比，生活应该向低于自己的比。他曾对子女们说："我们是共产党人，你们是共产党的子女。共产党是人民的勤务员，要帮助广大人民能过好日子，要工作在先享受在后，当广大人民还十分困难的时候，我们过着这样的生活，应该感到不安，而绝不应该感到不足。"①他经常教育子女，凡自己能做的事，都要自己

---

① 谢觉哉：《谢觉哉家书》，谢飞编选，生活书店出版有限公司2015年版，第252页。

动手，不能因为是高级干部的子弟就搞特殊。"不论做甚么，自己总要出力、用心，是人家信任你，组织上需要你；绝不可依靠人家照顾你。"[1]

家庭是社会的基本细胞，家庭的前途命运同国家和民族的前途命运紧密相连。我们党历来重视对领导干部正确亲情观的塑造和培育，党的十八大以来，以习近平同志为核心的党中央重视家庭文明建设，习近平总书记发表了一系列重要论述，强调家风建设，指出："每一位领导干部都要把家风建设摆在重要位置，廉洁修身、廉洁齐家，在管好自己的同时，严格要求配偶、子女和身边工作人员。"[2]作为人民司法制度的奠基者之一、我党长期从事法律工作的老一辈无产阶级革命家，谢觉哉倡导家庭成员间相亲相爱、互相帮助；时刻牢记共产党员的身份和职责，用纪律规范亲情；严格要求配偶、子女及亲属，使其树立正确的身份观和价值观，带头树立良好家风，为今人树立了光辉的榜样。

---

[1]谢觉哉：《谢觉哉家书》，谢飞编选，生活书店出版有限公司2015年版，第112页。
[2]中共中央党史和文献研究院编：《习近平关于注重家庭家教家风建设论述摘编》，中央文献出版社2021年版，第34页。

# 七

陶铸

『心底无私天地宽』

陶铸（1908—1969），又名陶际华，号剑寒，湖南祁阳人。1926年考入黄埔军校。1940年作为党的七大代表前往延安。在延安，任中央军委秘书长、总政治部秘书长兼宣传部部长等职。新中国成立后，任中共中央中南局委员，中南军政（行政）委员会委员，中南军区政治部主任、军区党委常委，中共广西省委代理书记，中共中央华南分局第四书记、代理书记，广东省人民政府代理主席，广东省省长，中共广东省委第一书记等职。1965年1月，在三届全国人大一次会议上，被任命为国务院副总理，分管宣传和文教等事务。1966年5月后，任中共中央书记处常务书记兼中央宣传部部长等职。

1969年，陶铸病危时赠诗给夫人曾志，其中一句写道："如烟往事俱忘却，心底无私天地宽。"①这既是他对

①《陶铸文集》编辑委员会编：《陶铸文集》，人民出版社1987年版，第356页。

自己一生行事的总结，也是他对家人的遗训，告诫后代：
往事如烟，徒增伤感，不必记挂；内心无私，则无所畏惧，
天地为之宽广，人生自由快活。可以说，正是"心底无私
天地宽"的人生态度，培塑了陶铸无私无畏的优良家风。

## "要丢掉一切私有观念，
## 要与自己的个人主义思想彻底决裂"

陶铸一生酷爱松树，因为松树身上有一种无私无畏的
品格。正如他在1959年1月所作的脍炙人口的《松树的风
格》中所言："所谓共产主义风格，应该就是要求人的甚
少，而给予人的却甚多的风格；所谓共产主义风格，应该
就是为了人民的利益和事业不畏任何牺牲的风格。每一个
具有共产主义风格的人，都应该象（像）松树一样，不管
在怎样恶劣的环境下，都能茁壮地生长，顽强地工作，永
不被困难吓倒，永不屈服于恶劣环境。每一个具有共产主
义风格的人，都应该具有松树那样的崇高品质，人民需要
我们做什么，我们就去做什么，只要是为了人民的利益，
粉身碎骨，赴汤蹈火，也在所不惜；而且毫无怨言，永远浑

身洋溢着革命乐观主义的精神。"①因为无私，所以能够做到多奉献他人而少求回报；因为无畏，所以能够不怕任何艰难困苦甚至牺牲生命，全心全意为人民的利益和事业顽强奋斗；因为无私、无畏，所以陶铸的身上能够始终洋溢着革命乐观主义的精神。归根结底，革命的乐观主义、无所畏惧，又都源于"心底无私"的大公无私的崇高精神。

中华民族自古就习惯从自然中汲取精神力量，正所谓"天无私覆，地无私载，日月无私照"。陶铸也歌颂太阳的光辉，1959年5月，他在《太阳的光辉》中写道："还是看看那普照大地的太阳吧！你看它从早到晚，把它的光和热照在每一个角落，从不吝惜，从不偏袒，从不计较报酬，它那样大公无私，那样一心一意地为人民发射光和热；这是何等宽阔的胸怀！如果有了这样的胸怀，还有什么容不下的东西呢？还为什么不能听取别人的意见并改正自己的缺点和错误呢？尤其是当他理解到克服缺点和改正错误，对人民将有更大利益的时候。"②吝惜、偏袒、计

---

① 《陶铸文集》编辑委员会编：《陶铸文集》，人民出版社1987年版，第155—156页。
② 《陶铸文集》编辑委员会编：《陶铸文集》，人民出版社1987年版，第169页。

较，都是一种自私的表现，容易导致心胸狭隘，听不进不同意见，容不下别人的批评。因此，陶铸把是否自私当作衡量一个人品德高低的根本标准。1960年2月，他在《对暨南大学师生的讲话》中强调："看一个人品德高不高，主要是看他自私不自私，主要是看他如何处理个人与集体的关系。如果一个人始终考虑集体的利益，不为个人打算，这个人的品德就是高尚的。什么人才是伟大的？就是那些能全心全意为了集体，为了工人阶级，为了国家，为了民族，为了全人类的利益把个人利益压到最低程度的人。"①也就是说，要成为一个品德高尚的人，就应当把一切自私的观念都丢弃掉，与个人主义思想彻底决裂。所以1960年5月，陶铸在他那篇著名的《理想，情操，精神生活》中说：

　　要丢掉一切私有观念，要与自己的个人主义思想彻底决裂。从私有观念中解放出来，这是一个很重要的问题。我们说解放思想，本来是包括两方面的：一方面是从保守

---

①《陶铸文集》编辑委员会编：《陶铸文集》，人民出版社1987年版，第183页。

观念里解放出来；另方面就是从私有观念里解放出来。这后面一点往往被人们忽略了。大家可以设想，一个受私有观念束缚的人，一个满脑子个人主义的人，整天患得患失，怕这怕那的，是何等不愉快和不自由！……要有高尚的情操，就要具有"先天下之忧而忧，后天下之乐而乐"的品德。一个有着个人主义思想的人，怎么可能做到这一点呢？有些人不是只在想着自己"小家庭的温暖"吗？不是还把争取这个"小家庭的温暖"作为自己的最高理想吗？这也是由于私有观念作怪，个人主义作怪。一个人的小家庭的温暖，我们是不反对的。每个人应当有个温暖的小家庭。但是我们要问：为什么不去多考虑到我国广大人民的家庭的温暖呢？为什么不去多考虑到全世界绝大多数人的家庭的温暖呢？[①]

必须说明的是，陶铸在他的文章中说的这些话，不仅是面向社会大众的，也是针对他自己的"小家庭"的。因为他已经超越了"小家庭的温暖"，而将"小家庭的温

---

[①]《陶铸文集》编辑委员会编：《陶铸文集》，人民出版社1987年版，第196—197页。

暖"纳入到了"广大人民的家庭的温暖"来追求，所以他对社会大众的劝勉，也是对家庭成员的要求。例如，陶铸曾殷切地叮嘱爱女陶斯亮说："大树底下长不出好草，无论哪个阶级的后代，靠祖荫安身立命是毫无出息的，你要懂得这个道理。"[①]1967年8月，他赠给陶斯亮一首《满江红》：

指点江山，有无数雄英俊杰。

鼓风云，斗争深入，凯歌声烈。

螳臂挡车终被碎，铁轮滚雷即成辙。

看全球到处展红旗，莫疑择！

伤往事，何悲切？女长成，能班接。

喜风华正茂，豪气千叠。

不为私情萦梦寐，只将贞志凌冰雪。

羞昙花一现误人欢，谨防跌！[②]

---

① 陶斯亮：《竹庄记忆：爸爸对我的一次教诲》，《湘潮》2008年第1期。

② 《陶铸文集》编辑委员会编：《陶铸文集》，人民出版社1987年版，第354页。

上阕强调世界社会主义的发展在不断推进，不要对我们的社会主义道路有任何怀疑；下阕要求女儿能够了解到革命先辈为社会主义事业奉献牺牲的悲切往事，继承革命志业，不要沉浸在"小家庭的温暖"，而要坚贞无畏，全心全意为了社会主义事业奋斗终身。弥留之际，陶铸握住妻子曾志的手说："希望她无论在什么情况下都要跟着党，跟着毛主席干革命。我相信亮亮也会这样做的。"这是陶铸家风的又一生动写照，即不论经历什么样的遭遇，都要保持革命的乐观主义精神，坚定不移地为了中国的社会主义事业不懈奋斗。

## "搞社会主义，头一条就要公私分明，一丝不苟"

在《卍字廊》诗中，陶铸写道："人世烦冤终不免，求仁奚用为身名！"[①]杀身成仁，是中国人追求"仁"的最炽烈的一种表现。什么是"仁"呢？自古以来就很难给出一个明确的定义，"仁道难名，惟公近之"，大概只有

---

①《陶铸文集》编辑委员会编：《陶铸文集》，人民出版社1987年版，第357页。

"公"是比较接近"仁"的字义的。陶铸这种"求仁奚用为身名"的杀身成仁的气概，是他的大公无私、无所畏惧的革命乐观主义精神塑造出来的。同时，他通过言传身教，把这种精神不断地熔铸在家风中。

1951年11月，陶铸胜利完成中央交给他在广西剿匪的任务，返回武汉的途中，第一次顺路回祁阳老家看望了阔别20多年的乡亲。这次顺路还乡，他再三嘱咐秘书关相生："不要惊动任何人，买点水果作礼物就可以了。"中午到达祁阳县城，县军管会为他备了一桌接风酒，但他却坚持不去，叫人把酒席上的酒菜拿到饭馆去卖了，自己和在县一中任校长的哥哥陶耐存及几位教师去教工食堂吃饭。进食堂一看，陶耐存在饭桌上加了几个菜，他看着桌上的菜说："很丰盛嘛！"回头问陶耐存："这饭菜是由你私人掏腰包请客，还是由公款报销？如用的是公款，这钱由我付了。"陶耐存说："这完全是我私人的钱，保证不揩公家一分钱的油，你就放心大胆地吃吧！"这样，陶铸才很满意地笑着说："这就好，这就好！我们干革命工作，搞社会主义，头一条就要公私分明，一丝不苟。你今天的情意我领了，大家快入坐（座）吧！"①

　　当天下午，陶铸乘一只小船回到了石洞源老家。一开始，乡亲们都还有些拘束，陶铸却笑着叫起自己的小名来："我是陶猛子呀！怎么？难道还认不得我了么！"乡亲们一听，都笑了，看他没半点儿官架子，说的话也就多了起来。有的人说：石洞源山多田少，没什么生活的出路，还不是要卖柴背树！有的乡亲要求他多带几个族中的侄辈出去，在城市给他们安排工作，让乡亲们"沾沾光"。陶铸笑着说："石洞源山清水秀，冬暖夏凉，是个好地方。稻田虽少，但荒山闲土开垦不尽，生产大有潜力可挖，林业更有发展前途。不是没有出路，看你们是怎样想的，怎样干的。"他接着说："我是共产党员，不是旧社会的官老爷，不能搞'一人得道，鸡犬升天'的事情啊！"②

　　次日，陶铸就返回了武汉。秘书关相生和警卫员商量，觉得陶铸搞革命，离家20多年，就这样一筐水果探

---

① 郑笑枫、舒玲：《陶铸传》，中共党史出版社2008年版，第308页。
② 郑笑枫、舒玲：《陶铸传》，中共党史出版社2008年版，第308页。

家，于情是说不过去的，于是他们私下决定，给陶铸的母亲董老太太和他哥哥陶耐存留点钱。但是，这个事情又不能明明白白地告诉董老太太，因为告诉她了，她肯定也不会收，所以他们就在陶铸离开老家的时候，悄悄地在他母亲和他哥哥的桌子抽屉里分别放了50万元（旧币，合新币50元）。回到武汉，关相生向政治部副秘书长刘云初汇报工作，谈及了这件事。刘云初认为办得对，批准报销结账。不过，关相生还不敢直接向陶铸汇报此事，就先向曾志说明了这个情况，希望她能从中说几句话。不料当天晚上，陶铸手拿100万元（旧币），走进关相生的房间，板着面孔对他说："你这是好心办了错事啊！我不是早就向你交代过吗？对私人的事情，不能动用一分钱公款。我是政治部主任，能带这个头吗？明天快把款子交上去，报销条子取回来。"①

陶铸母亲董老太太长期住在农村，陶铸每月给老人寄30元生活费，有个时期老人埋怨钱给少了，不够用，他恳切地对老人说："目前群众生活水平还不高，我们干部家属生活

①郑笑枫、舒玲：《陶铸传》，中共党史出版社2008年版，第309页。

上不能脱离群众。"三年困难时期，他第二次回祁阳开展调查研究，又顺路去妹妹家看望了他母亲，临走时留下了100元钱，嘱咐他妹妹买只小猪养着，自己动手，改善生活。有好几次，组织上打算让他的母亲迁入城镇落户，但他都严词拒绝了，说："农村老人那么多，你们都给迁了，再考虑我母亲。"①就这样，董老太太直到1962年病逝前，都一直住在祁阳农村老家。陶铸的堂弟、侄儿等十多位亲属，一直在石洞源农村劳动。

陶铸主政广东期间，曾在广州为珠江两岸的三万多"水上人家"建起了陆地住宅。当他知晓一些作家、画家、音乐家连工作室都没有，便亲自找广州市市长朱光，划地盖了有十几幢房子的湖边新村，分配给那些艺术家。可是，他自己到广州工作后，却一直住在广州军区大院19号一所并不宽敞的房子里。这所房子相当陈旧，碰上天阴，白天进屋还要开电灯。有一天王任重的女儿王小平来找陶铸的女儿陶斯亮，她刚进陶斯亮的房间里就说："亮亮，你们家的房子怎么这么黑？"晚饭时，陶斯亮把这话告诉了父

---

① 郑笑枫、舒玲：《陶铸传》，中共党史出版社2008年版，第309页。

亲陶铸，陶铸笑着说："我这房子蛮好嘛！"机关同志多次提出为陶家维修、换房，但陶铸就是不答应。他在家里常说："生产上不去，住那么好的房子，吃那么好的饭，心里不过意，群众也不答应。"1965年，由于妻子曾志身患多种疾病，医生坚持要她多晒太阳，陶铸这才同意对这所住了近15年的旧房进行维修。这是他40多年的革命生涯中，第一次同意改善一下自己的住房条件，也是最后一次。这次维修，只在一楼接个走廊，让曾志搬到一楼住，可以在走廊晒晒太阳。陶铸开会回来，就把他和曾志多年节省下来的15000元作为维修费用全部上交给组织。机关相关负责人认为，公家维修房子，要私人出钱，不符合收支规定，表示很为难，陶铸说："这房子既然是给我个人修的，我就该自己出钱嘛！"房子修好后，他一天也没住过，就奉令调去北京了。1969年11月30日，因遭受林彪、"四人帮"的残酷迫害，陶铸含冤去世。后来陶铸获得平反后，广州军区党委认为此房修好后陶铸就去了北京，实际上没有住，决定将15000元退还给曾志，但曾志说："这是陶铸同志决定的事，不能更改。"①

---

①陶斯亮：《心底无私的好父亲》，《党建》2018年第12期。

陶铸晚年喜爱荷花，用荷花寄托自己的情操和志向，他经常目不转睛地凝视水里的荷花，对陶斯亮说："亮亮，你要好好记住它。你看它出污泥而不染，光明磊落，象征了一种高洁的品德。"他寄托在荷花上的那种高洁品德，是不被任何世俗利益所污染的共产党员的公私分明、无私无畏的品德，正如他的遗愿："我干一辈子革命，没有任何要求，只是希望死了以后，人们在我墓前立块牌子，什么官衔和生平事迹都不要写，只写上'共产党员陶铸之墓'八个字，这样，也就心满意足了。"①

---

① 陶斯亮：《竹庄记忆：爸爸对我的一次教诲》，《湘潮》2008年第1期。

下篇

# 八

## 舜帝

仁爱至孝 以德化人

据《史记·五帝本纪》载，舜"盲者子。父顽，母嚚（yín），弟傲，能和以孝，烝烝治，不至奸"。舜为"五帝"之一，又称虞舜，传说舜目有双瞳，又名重华。舜本为黄帝的八世孙，因家道中落，家境清贫。舜幼年丧母，父亲另娶壬女为妻，继母与父亲经常虐待甚至迫害舜，但舜从不计较他们的过错，始终顺着父亲和继母，并因此名列二十四孝榜首。

舜对他人始终仁爱友善、恭谨谦让。他宽待欲置他于死地的同父异母的弟弟象；他与妻子娥皇和女英共渡难关；他礼让邻里乡亲，造福四方百姓。他因拥有高尚的品德而受尧的禅让，成为众望所归的部落首领。《史记·五帝本纪》云："天下明德，皆自虞帝始。"舜帝一生勤勉，南巡中逝世，葬在湖南永州的九疑山："南巡狩，崩于苍梧之野，葬于江南九疑，是为零陵。"

## 恪守子道，恭顺父母

舜的生母名叫握登，在舜幼年时，她就病逝了。舜的父亲瞽叟另娶壬女为妻，并生下弟弟象。舜父瞽叟偏爱壬女及他与壬女所生的儿子象，经常虐待舜，甚至想置舜于死地。出生在这样一个特殊的家庭中，也许是出于自保，舜从小就学会了察言观色，一旦发现父亲与继母有欲置他于死地的行为，总是能机敏地躲过。如果父亲与继母只是对他打骂管教，他便默默地承受，并更为恭敬地顺从父母的心意，小心翼翼地伺候孝敬父母，从不敢有半点懈怠。

舜帝为什么会遭受亲人的迫害与虐待？历史学家曾有过多种阐释，其中源流史专家何光岳先生的解释比较合理，他在《东夷源流史》里提到，握登，疑为古登人即邓人之女，在群婚制尚未根除的情况下，有先怀孕后结婚的现象，这种现象至今仍在西南一些少数民族中残存着。还有结婚后不落夫家而可与一些情夫同居的风俗，这种风俗在百越民族中也是广泛存在的。由于舜是这种婚姻制度的产物，故遭到其父及继母、弟象的歧视和排挤。总之，舜自小在家不受父亲瞽叟、继母壬女以及弟象待见是不争的事实。

　　继母壬女为了让自己的亲生儿子象独得家产，一次又一次地陷害舜。一年春天，壬女吩咐舜和象到两个地方去种豆子，并对他们说：豆子长出苗就可以回家，如果没有长出苗就再也不要回家了。阴险的壬女把炒熟的豆子交给了舜。兄弟俩在去种地的路上走累了，就坐下来休息。这时，舜觉得饿了，就拿出豆子来吃。象也学着舜的样子拿出豆子来吃。象的豆子因为没有炒熟自然不好吃，他闻到舜的豆子有香味，就强行要与舜交换豆子，老实的舜只得把自己的豆子给了象。就这样，舜拿着象的豆子种在地里，过了一段时间，地里就长出了豆苗，舜平安地回到了家里。而象拿着炒熟了的豆子种在地里，怎么也长不出豆苗。舜回家后发现象还没有回来，便急忙来到象种豆的地方，把已经饿晕在地的象背回了家。

　　壬女见一计不成又生一计。一天，她要舜上树摘桃子。趁舜没注意，壬女拔下发簪故意刺破自己的脚，然后装出一副受伤严重的样子，一瘸一拐地找到瞽叟，哭哭啼啼地诬告舜暗算自己。瞽叟不问青红皂白，将舜狠狠地鞭打了一顿，并在壬女的进一步逼迫下，将舜赶出了家门。从此，小小年纪的舜便独自在外讨生活。

　　舜流浪在外，饥一顿饱一顿。为了生存下来，他只身前往历山开荒种地。慢慢地，生活稍有改善。父亲瞽叟和继母探听到舜的消息，便经常前去使唤舜，甚至想借机谋害舜。一天，父亲瞽叟到历山对舜说：家里的谷仓漏雨，你回去把仓顶涂填严实，仔细修补。舜想都没想就一口答应了。舜抽空回了家，爬上了谷仓顶，正当仔细检查、思考修补方法时，突然看到谷仓底下浓烟滚滚，原来是父亲瞽叟在放火焚廪。舜想找梯子下来，但梯子"不翼而飞"了。舜急得满头大汗，情急之下，他手持两个斗笠不顾一切往下跳。幸亏谷仓不太高，舜往下跳的时候，两个斗笠减缓了下降速度，舜跌落在地，身体并无大碍。

后来，舜虽然知道纵火焚廪是父亲所为，但并没有计较，还是和往常一样，孝敬父母。一次，象弟放牛时，由于贪玩，牛跑到氏族部落的地里践踏了庄稼。按照当时氏族部落的协约规定，这种行为属于父母管教失职，父母应受到棒杖或鞭笞的"请荆"之刑。当舜从外面回家得知事情的原委后，毅然决定代父"请荆"。舜的孝行感动了整个氏族部落。

舜虽遭受继母百般刁难与迫害，却不计前嫌，当继母遭遇困难时，他不吝施以援手。据《敦煌变文集》记载，舜到历山开荒种地，将多余的粮食运到米价高的冀都售卖，恰好见到继母壬女前来买米。舜便乔装打扮，偷偷地在继母的米袋里装了一些粮食和钱币。如此几次后，继母感到很疑惑，就将自己的奇遇告知瞽叟，瞽叟猜想这是儿子舜的举动，于是要壬女牵着他前往米市去找舜，一边走一边不停地喊话：舜儿啊，我知道是你啊，你出来见见我们吧！舜知道是父亲前来找他，就拨开人群，抱着父亲瞽叟失声痛哭，并用自己的舌头舔父亲失明的双眼。奇迹发生了，父亲瞽叟的眼睛竟然复明了。市场上的人无不惊异，真是孝感天地啊！

　　舜即使后来成了部落首领，仍对父亲瞽叟和继母恭顺有加。《史记·五帝本纪》中记载："舜之践帝位，载天子旗，往朝父瞽叟，夔夔唯谨，如子道。"舜始终恪守子道，秉持初心，恭顺父母。据传，有一次舜陪帝尧出巡，到了舜的家乡。舜与帝尧一同看望瞽叟。帝尧当着瞽叟的面说：你儿子重华大孝呀，这都得归功于老亲翁平日教导有方。瞽叟羞愧难当，面对帝尧和儿子舜，真诚地忏悔道：小子舜幼小的时候，我双目已失明，脾气暴躁，没有能耐照顾好儿子，还经常听信壬女的挑唆，处处为难虐待儿子，可是他从来没有丝毫的怨恨，总是尽孝尽敬，一味地苛责自己。过往种种情形，常使我悔恨无已呀。

舜以自己的孝行，感化了铁石心肠的父亲与继母，化解了家庭矛盾。

## 隐忍谦让，仁爱兄弟

《史记·五帝本纪》记载了舜父瞽叟和同父异母的弟弟象合谋害舜的一件事。一天，瞽叟把已经在外另立门户的舜唤回家，对他说，家里那口水井自打成后还没有掏过，现在淤泥多了，你去掏一掏吧。舜二话没说，立即答应了。当舜下到井下开始掏淤时，瞽叟与象竟往井里扔泥土和石头。他们以为舜必死无疑，心中窃喜。象对瞽叟和壬女说：这次谋害舜的主意是我想出来的，舜的家室财物我来分配，舜的两个妻子是尧帝的女儿，不仅美若天仙，而且聪明贤惠，就归我了，还有她们的陪嫁物件也归我了，牛羊仓廪就归你们吧。说完，象便急不可耐地前往舜的住所。象正在舜的住室得意扬扬地弹着琴时，舜突然出现在他面前，舜没死！原来，舜打井时，在井下打了一条通向临近水井的通道。当父亲和弟弟用泥土和石头填井时，舜就顺着这个通道从另一个井口出来了。舜又一次成功地躲过了一场灭顶之灾。象见到活着的哥哥，一时间惊慌失措，连连掩饰说：我正想念你呢，想得我的心都郁闷了啊！舜一脸轻松地回应道：当然，你是我的弟弟嘛！舜丝毫未与弟弟计较，主动化解了这尴尬的局面。

舜登上帝位后，不记象的仇，封象到有庳（今湖南省道县北）为王。象对哥哥的宽宏大量感激不已，并表示今后一定痛改前非，决不给哥哥抹黑。经舜教化后的象忠于职守，为黎民百姓做了不少善事，后死于有庳。当地百姓感念象，为他建祠以祭祀。

对舜这一以德报怨的举动，孟子曾这样解释："仁人之于弟也，不藏怒焉，不宿怨焉，亲爱之而已矣。"[①]舜帝对象的这份隐忍仁爱，为后世树立了榜样。

## 夫敬妻柔，情比金坚

《史记·五帝本纪》载："舜年二十以孝闻。"舜孝敬父母，仁爱兄弟，二十岁时便以孝行闻名远近。又"舜耕历山，渔雷泽，陶河滨，作什器于寿丘，就时于负夏"。舜乐于助人，礼让邻里乡亲，因此，得到众人的

---

① 〔宋〕朱熹：《四书章句集注》，中华书局1983年版，第305页。

拥护和爱戴，名声越来越大。《史记·五帝本纪》载："三十而帝尧问可用者，四岳咸荐虞舜，曰可。"尧帝经过一系列的问询、考察，对舜的德行表示认可，最终禅让天下于舜。与此同时，尧帝还将自己的两个女儿娥皇、女英许配给舜为妻："于是尧乃以二女妻舜以观其内。"舜不负尧帝所托，"舜居妫汭，内行弥谨。尧二女不敢以贵骄事舜亲戚，甚有妇道"。

婚后，舜便带着妻子娥皇、女英一道去看望父母及弟象，并将尧帝赏赐的细葛布等作为见面礼送给他们。娥皇、女英夫唱妇随，侍奉舜父与继母，并与弟象融洽相处，从不因为娘家的高贵身份而怠慢婆家人。瞽叟、继母及象不仅不领情，反而心生嫉妒。弟象一心想霸占两位美若天仙的嫂子。于是，便发生了上文提到的舜"陷井脱险"的事件。舜之所以能化险为夷，不仅在于他对水井通道很熟悉，还得益于娥皇、女英对舜帝的善意提醒。

有一次，瞽叟、继母及象弟邀请舜到姚墟赴宴，想把他灌醉后再将其杀死。娥皇、女英觉察到了他们的阴谋，但又不便阻拦丈夫赴宴，因为她俩知道舜是个孝子，不会违逆父母的心意。于是，她们便上山采集草药，熬成药汤，让舜在药汤里浸泡。舜如期赴宴，瞽叟、壬女与象弟不断给舜敬酒，舜来者不拒，毫无醉意。象弟不知道舜泡了妻子熬制的药汤，身体的解酒功能大大提高，反倒是他在不断敬酒中，先把自己给灌醉了。这次酒醉杀舜的阴谋没能得逞，当然要归功于二妃的聪明才智和对丈夫的忠贞爱恋。

舜帝晚年南巡苍梧，不幸遇难，葬于江南九疑山。娥皇、女英当时没有跟随舜帝巡行，惊闻丈夫罹难的噩耗，顿时泪飞如雨，随即启程欲追随丈夫。她俩从中原出发，不顾路途遥远凶险，日夜兼程赶到九疑山，在九疑山泣泪成血，染竹皆斑。二妃心中始终放不下舜帝，发誓要魂与相随，于是，在洞庭君山双双投于洞庭湖。二妃以身殉情，演绎出忠贞不渝的爱情故事，被传为千古佳话。历代文人墨客不惜笔墨，争与歌咏。唐代诗人张谓有诗《邵陵作》云：

尝闻虞帝苦忧人，只为苍生不为身。

已道一朝辞北阙，何须五月更南巡。

昔时文武皆销铄，今日精灵常寂寞。

斑竹年来笋自生，白蘋春尽花空落。

遥望零陵见旧丘，苍梧云起至今愁。

惟馀帝子千行泪，添作潇湘万里流。

## 乐于助人，协和邻里

舜到历山后，找了一块较为平坦的地方，开荒种地，又在山泉边避风处盖了一座房子。房子用泥坯做墙，用茅草盖屋顶，既能遮风挡雨又能抵御寒暑。日复一日的辛勤劳动，终于换来了丰收的喜悦，打下的粮食除舜自己食用外，还有多余的就用来接济父亲瞽叟、继母和周围生活有困难的人家。历山开荒得到大家的称赞，老百姓纷纷效仿，到山上开荒种粮，辟地建屋。舜把耕种的熟土让给新来的人，并告诉他们种植的方法，自己再另外开垦新地。舜还把泥坯做墙、茅草编结做顶的建房方法传授给他人。开荒的人越来越多，舜的茅屋旁边新建了许多茅屋，成了村子。《淮南子·修务训》记载："舜作室，筑墙茨屋，辟地树谷，令民皆知去岩穴，各有家室。"乡邻们都从舜那里学到了生存的技能，摆脱了原始的岩穴居所，各自居家乐业，和睦相处。

雷泽有一个大湖泊，鱼产丰富，来这里捕鱼的人很多，人们为了争夺好的捕鱼场所，常常发生冲突与争斗。舜也来到雷泽捕鱼，但他从不与人相争。他静静地观察、思索，在捕鱼的过程中，不断摸索捕鱼的方法，改进捕鱼的工具，因此他捕的鱼总是比别人多，周围的人都向他投来羡慕与赞赏的目光。不少人慕名前来求教，舜都毫无保留地向大伙传授捕鱼的方法，甚至还赠送自己制作的捕鱼工具。舜还凭着自己的捕鱼经验找到了一些鱼多的捕鱼场所，并分享给大家。在舜的影响下，大家争夺渔场的矛盾与纠纷大大减少，渔民甚至以舜为榜样，把好的渔场让给别人，自己则到差一点的渔场去。这就是《淮南子·原道训》所描述的："（舜）钓于河滨，期年而渔者争处湍濑，以曲隈深潭相予。"

在黄河之滨，有很多烧制陶器的地方。那里出产的陶器，有的样子非常粗糙，有的火候没掌握好，很容易碎，工匠常常因为烧制技术不到位而白忙活一场。舜了解到这些情况后，下决心要改变这种状况。他实地考察各地的烧制窑厂，了解各地的工艺流程，研究改进烧制方法。经过反复试验，烧制技术终于取得了关键性突破。舜烧制出来的陶器，不仅比用传统方法烧制的陶器美观、坚固耐用，而且品种繁多，很受百姓喜爱。舜把自己摸索出来的烧制技术毫无保留地教给当地民众，大大提高了陶器的成品产出率。舜还告诫大家，烧制陶器一定要讲求质量，不能粗制滥造；质量不好的就要砸碎，不能在市场上以次充好。这就是《韩非子·难一》所记载的："东夷之陶者器苦窳，舜往陶焉，期年而器牢。"

舜乐于助人，礼让邻里乡亲。《史记·五帝本纪》载："舜耕历山，历山之人皆让畔；渔雷泽，雷泽上人皆让居；陶河滨，河滨器皆不苦窳。"舜受到乡邻爱戴，他到哪里，乡邻们都愿意追随。"一年而所居成聚，二年成邑，三年成都。"因追随舜帝的人越来越多，他所居住的地方，一年变成了村庄，两年变成了小镇，三年变成了城市。

九

胡安国

『思远大之业』

胡安国（1074—1138），字康侯，谥文定，学者称武夷先生，建宁崇安（今福建省武夷山市）人，南宋绍兴元年（1131）定居湘潭，所著《春秋传》是明清时期科举考试的教材，是两宋时期著名的经学家、理学家和政治家。胡安国有三子胡寅、胡宁、胡宏，两侄胡宪、胡实。

胡安国的家风，核心在于"思远大之业"。正是在这种家风的浸润下，胡氏父子开创出以立德修身、经世致用为思想学术特色的湖湘学派。胡安国《与子寅书》，胡寅《先公行状》《悼亡别记》，胡宏相关诗作及张栻《钦州灵山主簿胡君墓表》等，集中体现了胡安国的家风。

## "贵日用而耻空言"

胡安国弥留之际，告诫身边的子侄说："水哉！水哉！惟其有本也，故不舍昼夜。仲尼所以有取耳。吾老矣，二三子其相吾志。"①胡安国为什么要用"水"来表达自己的志业？他要子侄继承的志业，具体是什么？他的子侄有没有继承他的志业？

在中国传统文化中，水是十分重要的物质和精神元素。先秦诸子善于借水的特性，以表达他们抽象的哲学观点和价值取向。例如，老子以"上善若水，水善利万物而不争"，表达了一种无私为善的崇高德行；孔子以"逝者如斯夫，不舍昼夜"，表达了一种积极进取的人生观；孟子以"观水有术，必观其澜"，表达了一种刚健勇猛的价值取向。而在胡安国看来，水的一个根本特点是"有本"，也就是它从高处源头出发，不管遇到什么阻碍，始终都要往低处流淌。他将水的这种特性映射到人身上，得到启示：人也应该有一个远大的志业，不管千难万阻，都要坚定地朝着那个理想的方向奔赴。

胡安国要子侄继承的志业，就是一种"远大之业"。何谓"远大之业"？这从他给长子胡寅的书信中可略窥一斑，所谓："汝在郡当一日勤如一日，深求所以牧民共理

---

①曾枣庄、刘琳主编：《全宋文》第一九八册，上海辞书出版社、安徽教育出版社2006年版，第377页。

之意，勉思其未至，不可忽也。若不事事，别有觊望，声绩一塌了，更整顿不得，宜深自警省，思远大之业。"①意思是：你在州郡做官应该勤政爱民，思索如何辅助皇帝共同管理好民众，自我勉励，反思自己在日常工作中没有做到的地方。如果不认真对待工作，只是一心想着往上爬，声望和政绩都会消失殆尽，到时候就没有任何办法补救了。你应该经常深刻地自我警示、反躬自省，思索远大的事业。胡安国要胡寅思考的"远大之业"，就是"牧民共理"，即辅助皇帝共同安邦济民。这既是他毕生的志业，也是宋代儒家学者高呼的"皇帝与士大夫共治天下"的政治理想。要承担起"远大之业"，就必须"一日勤如一日"，不能有丝毫懈怠。"大凡从官作郡，一年未迁，即有怠意。"②这其实就是要胡寅树立正确的政绩观，不能为了升迁而做官，而应踏踏实实做好自己的分内工作，不松懈怠惰。这种为国为民、积极进取的经世致用精神，构成了胡氏家风的底色。

---

① 曾枣庄、刘琳主编：《全宋文》第一四六册，上海辞书出版社、安徽教育出版社2006年版，第154页。
② 曾枣庄、刘琳主编：《全宋文》第一四六册，上海辞书出版社、安徽教育出版社2006年版，第152页。

　　靖康南渡，胡安国于绍兴元年（1131）向宋高宗上奏《时政论》，提出定计、建都、设险、制国、恤民、立政、核实、尚志、正心、养气、宏度、宽隐等保国原则和措施；同时，又完善《春秋传》，阐发"尊王攘夷"的民族大义，告诉"天下后世忠臣义士以克敌制胜在于曲直，不以强弱分胜负也"[①]，在理论层面赋予巩固南宋政权、驱逐金人、收复中原的正当性和可行性。胡寅继承父亲之志，向宋高宗上奏万言书等，"泛论建炎谋国之失，而陈拨乱反正之计"[②]。胡安国高度评价，谓之"上殿札子推得元意广大，得敷奏之体，更趋简约为妙"[③]。胡安国评价胡寅的奏疏"推得元意广大"，是因其详细表达出了他想要子侄们追求的"远大之业"——对靖康南渡后出现的种种社会政治问题进行"拨乱反正"的国家建设事业。

---

① 〔宋〕胡寅：《斐然集·崇正辩》，尹文汉校点，岳麓书社2009年版，第489页。
② 〔宋〕胡寅：《斐然集·崇正辩》，尹文汉校点，岳麓书社2009年版，第307页。
③ 曾枣庄、刘琳主编：《全宋文》第一四六册，上海辞书出版社、安徽教育出版社2006年版，第152页。

　　侄子胡实也听从胡安国的教诲，"平时诵习文定公《春秋》之说……贵日用而耻空言"①。也就是说，胡实以胡安国《春秋传》为理论指导，注重切实有用而反感空洞言谈。

　　这种以"实用"为贵而以"空言"为耻的家风，在季子胡宏身上有更深层次的体现。胡宏曾向胡实感慨道："我祖生文定，杰然继真儒。门风早衰飒，吾弟意何如。"②那么，要怎样重振胡氏门风呢？胡宏通过《知言》等著作，建立起一套以"性本论"为特色、有体有用的哲学思想体系，开创了湖湘学派，为经世致用精神的传承发展，奠定了理论和学派基础。在写给两个儿子的诗中，胡宏说道：

> 此心妙无方，比道大无配。
>
> 妙处果在我，不用袭前辈。
>
> 得之眉睫间，直与天地对。
>
> 混然员且成，万古不破碎。

---

① 〔宋〕张栻：《张栻集》（下），邓洪波校点，中华书局2017年版，第876页。

② 〔宋〕胡宏：《胡宏集》，吴仁华点校，中华书局1987年版，第81页。

体道识泰否，涉世随悲欢。

迹滞红尘中，情寄青云端。

早年勤学道，晚节懒为官。

心活乾坤似，机员身自安。①

　　这是从"道体"的角度展现了一种更深层次的"远大之业"，即内心与天道的合一，亦即中国传统文化的"天人合一"理念。"天人合一"就是要人以天道法则为思想理论指导，积极投入社会实践。在写给朱熹的诗中，胡宏说："幽人偏爱青山好，为是青山青不老。山中云出雨乾坤，洗过一番山更好。"②这是在说，来自"乾坤"的山中云雨，要洗刷一下遍布尘埃的青山才更好，亦即不光要有哲学本体上的认识，还要运用到实践中去。对此，朱熹终生不忘。胡氏经世致用的家风，也因此扩展到了胡氏家族和湖湘学派之外，进一步凸显出胡氏家风的普遍性价值和意义。

① 〔宋〕胡宏：《胡宏集》，吴仁华点校，中华书局1987年版，第68页。
② 〔宋〕胡宏：《胡宏集》，吴仁华点校，中华书局1987年版，第77页。

## "以至诚为本"

由于外在的事功往往随着时势而流转，不以个人意志为转移，故而实现"远大之业"的根本还在于人的内心。原因是，人不能决定他人，但是能够控制自己的内心。因此，胡安国在《与子寅书》中再三强调《论语》的忠信观、《大学》的诚意观，将忠信不欺、诚实无私作为立心成德之本。

南宋大臣刘清之（1133—1189，字子澄，号静春先生）在编纂《戒子通录》时，把胡安国《与子寅书》中有关为人处世、从政为官的训言作为家训家规，这反映了胡安国"以至诚为本"的家风对后世的影响。在朋友交往方面，胡安国说道："密进人才，所补者大。契旧之间固无彼此，然必每事尽诚告之，使善出于彼，吾无与焉，则为善矣。"①意思是：秘密而不是公开地向朝廷举荐人才，对于被举荐的人的升迁是有很大帮助的。故旧朋友之间没有那么多分别，什么事都可以坦诚相告。如果你秘密地向

---

①曾枣庄、刘琳主编：《全宋文》第一四六册，上海辞书出版社、安徽教育出版社2006年版，第152页。

朝廷举荐了人才，告诉你的故旧朋友你推荐的是谁，他们要是和你一块儿去举荐而且成功了，把这份功劳归于他们，而自己却像从未参与过一样，这也是一种与人为善。又说："诚实无私，曲说得来，自别听者亦须感动。"[1]意思是：只要你是诚实无私的，即使是道听途说得来的东西，别人听了你的话也会受到触动的。换言之，只有诚实无私待人，才能换来真心，才能为人所信赖，才能顺利推进"远大之业"。

在为政方面，胡安国说："为政必以风化德礼为先，风化必以至诚为本。民讼既简，每日可着一时工夫详与理会，因训道之，使趋于善，且以风动左右，不无益也。"[2]他认为，"化民成俗"是"远大之业"的题中之义。如何"化民成俗"，胡安国推衍孔子"为政以德"的思想，把"德"具体落脚在"至诚"上，强调要把至诚至信之心作为政治教化的根本。胡安国又说："臣之事君，犹子之事父，以忠信为本。""公事私事，一切苦参，着

①曾枣庄、刘琳主编：《全宋文》第一四六册，上海辞书出版社、安徽教育出版社2006年版，第153页。
②曾枣庄、刘琳主编：《全宋文》第一四六册，上海辞书出版社、安徽教育出版社2006年版，第153页。

意经理，须以诚意说与属官。须要知此，着意经营。"①
就是指在对待上级领导时，要以忠实、诚信为根本，不要
破坏人与人之间的信用关系。"出身事主，不以家事辞王
事，为人臣无以有己。吾说如此，更以大义裁断之。"②
在公私之间，要以国家事业为重，不能因为一家的私事而
把国家事业抛在脑后；"无以有己"，就是要以一种"无
我""忘我"的奉献精神投入到国家社会群体事业中。总
之，要成就一番"远大之业"，就要"立志以明道，希文
自期待。立心以忠信不欺为主本，行己以端庄清慎见操
执，临事以明敏果断辨是非。又谨三尺，考求立法之意而
操纵之，斯可为政不在人后矣……治心修身以饮食男女为
切要，从古圣贤自这里做工夫"③，不断磨炼自己的道德
心性，保持一颗忠实诚信之心。

为了突出道德心性修养的重要性，胡安国还拿北宋时

①曾枣庄、刘琳主编：《全宋文》第一四六册，上海辞书出版
　社、安徽教育出版社2006年版，第153页。
②曾枣庄、刘琳主编：《全宋文》第一四六册，上海辞书出版
　社、安徽教育出版社2006年版，第153页。
③曾枣庄、刘琳主编：《全宋文》第一四六册，上海辞书出版
　社、安徽教育出版社2006年版，第153页。

期的三位宰相李沆（947—1004，字太初）、王曾（978—1038，字孝先）、司马光（1019—1086，字君实，号迂叟）举例，说："君实见趣，本不甚高，为他广读书史，苦学笃信清俭之事而谨守之，人十己百，至老不倦，故得志而行，亦做七分已上人。若李文靖澹然无欲，王沂公俨然不动，资禀既如此，又济之以学，故是八九分地位也。后人皆不能及，并可师法。"[①]在胡安国看来，不论个人资质如何，只要肯持之以恒地学习，提高道德心性修养，最终就能"得志而行"，实现自己的"远大之业"。

胡实的治家方针与成效，印证了胡安国"以至诚为本"的家风之好。据说，胡实"居家雍睦而有制，闺门内外无不敬爱之。或诹其所以致此，则曰：'家道之失和平，皆由小知自私害之。吾一以公心恻怛居其间，故无事耳。'"[②]。所谓的"公心恻怛"，就是以一颗至诚无私之心善待家人、关爱家人。胡实"一以公心恻怛居其间"，以至诚无私之心处理家庭关系，公平合理地解决家庭内部问

---

① 〔宋〕张栻：《张栻集》（下），邓洪波校点，中华书局2017年版，第876页。
② 曾枣庄、刘琳主编：《全宋文》第一四六册，上海辞书出版社、安徽教育出版社2006年版，第154页。

题，从而获得家庭成员一致的尊重。《中庸》说："唯天下至诚，为能尽其性；能尽其性，则能尽人之性；能尽人之性，则能尽物之性；能尽物之性，则可以赞天地之化育；可以赞天地之化育，则可以与天地参矣。"①就是说，只有天下最真诚的人，才能充分发挥自己天赋的本性；能发挥自己天赋的本性，就能发挥所有人的本性；能发挥所有人的本性，就能充分发挥万物的本性；能够发挥万物的本性，就能帮助天地养育万物；可以帮助天地养育万物，就可以与天地并列了。

总的来说，胡安国家风的核心价值取向，是要胡氏子弟成就一番"远大之业"。他要求子侄思索的"远大之业"，是辅助皇帝稳定国家、救济百姓的"贵日用而耻空言"的崇高事业，而非一家一族的荣辱，这鲜明地体现了胡安国家风中的经世致用精神。不过，这种经世致用精神是建立在"至诚"的道德心性修养基础之上的，这也就意味着，胡安国的家风是道德修养和经世致用的统一。这一内外兼修的家风温润无声，不断被后世学者吸收、内化，形成了以"立德修身、经世致用"为特色的中华家风。

---

① 〔宋〕朱熹：《四书章句集注》，中华书局1983年版，第32页。

# 十

## 王船山

正己齐家而忧社稷

王船山（1619—1692），湖南衡阳人。本名王夫之，字而农，号姜斋，晚年居衡阳县石船山，世人称之为"船山先生"。王船山与顾炎武、黄宗羲并称为明末清初三大思想家。其学以《易》为宗，以六经开生面，以史为归。其人孤忠持守以报国，修身齐家以应天下，充满着匡复道学的士大夫情怀和以天下为己任的爱国精神，可谓人格伟大而内心淡然。

王船山之所以有如此高超的学术造诣和高尚的人格，是继承和遵守了几代儒素的诗礼人家良好家风、家教的结果，同时又以身作则将优良的家风家教传之后世。

## 立志修身，正己厚德

"传家一卷书，惟在尔立志。"这是王船山在《示侄孙生蕃》中告诫后代的诗句。王家历代以诗书传家，立志而修身，正己而厚德，故家世兴隆，人才辈出。那如何立志修身、正己厚德呢？

一是远离俗气。王船山在《示侄孙生蕃》中说："盐米及鸡豚，琐屑计微利。市贾及村氓，与之争客气。以我千金躯，轻入茶酒肆。汗流浃衣裾，挈三而道四。既为儒者流，非胥亦非隶。高谈问讼狱，开口即赋税。议论官贪廉，张唇任讥刺。拙者任吾欺，贤者还生忌。摩肩观戏场，结友礼庙寺。半截织锦袜，几领厚绵絮。"①他认为，一个真正有理想的人，不应与市井小贩为一些小事斗气，不应去茶楼酒肆借茶酒使性子，说三道四；作为读书人，不应去高谈阔论一些花边新闻，不应嚼舌头说谁入讼入狱，谁征赋收税，谁贪谁廉；作为有志向的人，不应欺弱妒贤，不应这也看不惯，那也不服气；作为自律的人，不应只严格要求别人，而不严格要求自己，不应整天观戏游寺，追求奢侈的生活，这些俗气有害无益。"俗气如糨糊，封令心窍闭。俗气如岚疟，寒往热又至。俗气如炎蒸，而往依坑厕。俗气如游蜂，痴迷投窗纸。"②俗气一旦

---

① 〔明〕王夫之：《船山全书》第十五册，岳麓书社2011年版，第560页。
② 〔明〕王夫之：《船山全书》第十五册，岳麓书社2011年版，第560页。

侵入，人就没有了正确的思想，也没有了奋斗的志向。所以，王船山特别重视立志之始就要脱俗气，这是王家家风家教要求首先做到的，也是王船山在《示侄孙生蕃》中特别强调的。

那么，如何脱离俗气呢？王船山认为只有耕读立家，才能脱俗气。"识字识得真，俗气自远避。"王船山在《家世节录》中，讲了许多其祖上刻苦读书传家的事：高祖父王宁以"文墨教子弟"；曾祖父王雍以乡贡入仕，曾任江西南城县学谕；祖父王惟敬教子，"令著文艺，恒中夜不辍"；父亲王朝聘学有宗旨、行尚节操，治《诗》《春秋》，因拒绝纳贿，尚未赴任而拂袖回乡，以授生徒为业。读书，是最好的家风传承。正是读书，成就了王夫之世家忠良，成就了王夫之。因此，他在《示侄孙生蕃》中特意强调："传家一卷书，惟在尔立志。凤飞九千仞，燕雀独相视。"只要立下高远之志，就如凤凰展翅千万里，不会在乎燕雀之妒忌，不会随波逐流，不会沉迷俗世。所以，他鼓励子孙，"汝年正英少，高远何难企"，年少就立志，人生肯定会精彩，肯定会抵达高远的境界。

二是立志需修身，修身必正心。立下高远之志，实现高远之志，必须通过修身来实现，否则所立之志只会流于空想。修身首先是修心。王船山言："修身之所以为本而必根极于正心诚意也。"也就是说，修身的根本在正心诚意，即修心。言行之善的根本在于心之美，心正、意正才会言正、行正。而要达到心之美，必须要有高远之志。这样看来，王船山家风思想的根源在于立高远之志。这个高远志业是什么？是家国天下，通过修身明德，最终实现治国平天下，为苍生造福。

王家家世家风中有修身以明德、正己而厚德的传承，王船山在《家世节录》中对此有许多记载。其祖父王惟敬，一生刚正不阿，秉承祖训，守住祖先许多优良品德。王惟敬不攀权贵，"终身不见一长吏，亦不徼裾于富贵之门"；同时以身作则，从不谈东道西，日则劳作，晚则在灯下督促子女读书，直至深夜。王惟敬自身生活简朴，也要求子女保持简朴。王船山后来回忆其父亲及兄弟"不有华曼之饰"，这大概就是受了其祖父的教诲和影响。王船山的父母以德立身，言传身教，其父亲王朝聘高风亮节，"以不求异于人为高，以不屑浮名为荣"，不标新立异，不求浮名，为人踏踏实实。王朝聘在京城候补官员时，有人提醒他，要补到官职，还是要多走动走动。不料，王朝聘却说："某有田可耕，有子可教，终不敢欺天，以暮夜金博一官。"①意思是，我大不了回去耕田教子，要我违背良心，趁黑夜去行贿而得一官，那是欺天之举，我不敢，也不做。于是，王朝聘毅然罢官回乡，去做个清清白白的人。王船山母亲谭太孺人出生于书香世家，自幼受过良好教育，知书达礼，勤于治家。她对其公婆尽心服侍，对暮年丧子而无依无靠的叔婶王惟炳夫妇细致照顾二十年，此等懿行善举，为后代树立起了榜样。

王船山本人也是忠孝两全之人。他遵从王氏家族家训，晚年作有《传家十四戒》。《传家十四戒》的主要内容是教导后人不要追求大富大贵，要做一个正直、本分的人，做一个自食其力、安贫乐道的人，做一个不迷信的人。

## 齐家之教，化及天下

王氏家风除了强调加强个人修为外，还要求由个人推及家庭，并推及天下。王船山言："治国在齐其家，统

---

① 〔明〕王夫之：《船山全书》第十五册，岳麓书社2011年版，第218页。

之乎身而为立教之本也。"①这是说，要把国家治理好，先要把家治理好，齐家是教化天下的根本。又言："夫君子之齐家，以化及天下也。"②治好了家，自然可以教化天下。王船山将修身、齐家与治国、平天下联系在一起的逻辑认识和追求，正是中国家国同构理念的体现，展现的是浓浓的家国一体情怀。修身是个人的道德修养，是齐家的基础；而齐家则是培育家庭成员的道德精神和品质，是由个人推及家庭。齐家与治国、平天下的同一性都在于"教"，故王船山说："盖家之与国，政则有大小公私之殊，而教则一也。"③齐家、治国有相同之处。王氏家族正是以齐家的伦理道德为教育、教导的入口，培育由爱家到爱国的情怀。王氏家族齐家之风具体体现在以下诸方面。

家教从严的世代家风。王船山在《显考武夷府君行状》《显妣谭太孺人行状》两文中描述了一些家风家教故

---

① 〔明〕王夫之：《船山全书》第七册，岳麓书社2011年版，第79页。
② 〔明〕王夫之：《船山全书》第十一册，岳麓书社2011年版，第63页。
③ 〔明〕王夫之：《船山全书》第七册，岳麓书社2011年版，第76页。

事。王船山说，"出入欬笑皆有矩度，肃饬家范，用式闾里"，指的是王家规范有序的家庭行为成为邻里的模范。可见，王氏家风之严谨。其祖父王惟敬对子女管教很严，子女犯错必罚。"少峰公严威，一笑不假，小不惬意，则长跪终日，颜不霁不敢起。"对于子女的学问，王惟敬亲自监督，"每烧镫独酌，令先君子隅座呫笔作文字，中夜夔夔无怠色"，如此，子女也不敢懈怠。王船山父亲王朝聘为学谦虚，注重"真知实践"，韬光养晦而"不立崖岸"，为人威严有加。"所授徒有行不类者，及谬持邪解者，终身不敢见。"正是因为王朝聘为人正直，为学走正道，所以不走正道的学生都不敢见他。这威严的背后，是德在支撑。"德威行弘慈"，即以德立威，以德广播仁慈。

从某些方面来看，王船山家世家风有过严之嫌。关于这一点，王船山也意识到了，他说其父"尚不言之教"，对子女"不垂眄睐"或"正色不与语，问亦不答……如此旬余"，即子女犯错时，他正眼不瞧，态度严肃，不与言语。这时，家族其他成员则调适了过严的家风。王船山指出了两个人的作用，一个是叔叔王廷聘，一个是母亲谭太孺人。每当王船山兄弟受罚时，"必仲父牧石翁引导，长跪庭前，牧石翁反覆责谕，述少峰公之遗训，流涕满面，夫之亦闵默泣服，而后得蒙温语相戒"①。就是说，每当王船山兄弟犯错时，叔父王廷聘以祖上家训教导、反复开导他们，让他们知道错误之处并真正信服，然后又用温语劝诫。或者，由王船山母亲出面，先与其父沟通，了解原委，然后再谆谆教导王船山兄弟。"发不孝兄弟之慝于隐微，而述先君子之素履以昭涤其瞽智……终之以笑语而慰藉之。"②可见，王母并非简单地粗暴批评，而是通过交流，让孩子们真正认识错误并愿意改正，这样既不伤子女的自尊心，又能让子女感觉到慈爱。王船山回顾父母的家教方式，思考后作了进一步的改进，他认为对子女"若苛责太甚，苦以难堪，则反损其幼志"，家庭教育对孩子不能损其尊严，要有度，否则，反而有害。总体而言，王家家教从严，但"严""慈"互补，有益于家族发达，有利于子孙品行淳厚。

兄友弟恭的和睦家风。兄友弟恭是和谐家庭的特征，

---

① 〔明〕王夫之：《船山全书》第十五册，岳麓书社2011年版，第139页。

② 〔明〕王夫之：《船山全书》第十五册，岳麓书社2011年版，第119页。

是良好家风的体现。自古以来，兄弟被视为一体，所以兄弟一伦特别重要。王船山世家各辈分兄弟都有很好的感情。王船山祖父王惟敬重义轻财，父亲逝世后，将父亲所留家财让给弟弟王惟炳，可谓高风亮节。王船山《家世节录》中描述了很多父辈兄友弟恭的情形。王船山父亲王朝聘有三兄弟，王朝聘对待两个弟弟"终身无一间言"，即使遇到了不如意之事，也笑语如常，"一觞一咏，评古跋今，谐适送难，欢如朋友"。王船山大叔父王廷聘平和易处，是一个淡泊名利、不追求世俗荣华富贵的儒者；二叔父王家聘"敦友睦，事先君如严父"。这些都是良好家风的现实写照。

王船山三兄弟也是相处和睦，彼此照顾。王船山大哥王介之对兄弟关爱有加，其大弟王参之大病，他亲自照顾，将濒死的弟弟救了过来。王船山二哥王参之以孝友著称于世，还载入了郡志。王船山教育下一代，要求兄弟宁静相处，"淡然无求，则人自有感化耳"[1]。针对自己两个儿子之间的矛盾，王船山谆谆教育他们要放宽心怀，

---

① 〔明〕王夫之：《船山全书》第十五册，岳麓书社2011年版，第144页。

说："你们兄弟两人就像我的两足，你看左右两脚虽不同向，但相辅相成。兄弟之间，本可无争，不过是以往一些小事猜忌，各有所想，没什么大事。兄弟之间因小事一争闹矛盾，则坏了我家世代遵循的孝友之风，不可取。"并告诫两兄弟"先人孝友之风坠，则家必不长"①。王船山反复告诫两个儿子，天天处在一起的兄弟，难免磕磕碰碰，但千万不要"一言不平，一色不令"就意气用事，坏了兄弟情分，坏了"孝友"家风，这完全是不必要的，也是无意义的，由此可见王船山这位儒者的情怀。正家风即正人心、正世风、救天下。从小事做起，小事做好了，家风就好了，世界也就正了。

王氏家族之所以看重齐家之教，固然与其担负的职责有关，即守卫大明王朝的江山，也是因为王氏家族一直强调齐家是由个人修养到治理社会、国家的枢纽。王船山言："圣人之于其家也，以天下治之，故其道高明；于天下也，以家治之，故其道敦厚。"②真正圣明的人，治家

① 〔明〕王夫之：《船山全书》第十五册，岳麓书社2011年版，第230页。
② 〔明〕王夫之：《船山全书》第三册，岳麓书社2011年版，第381页。

就如同治理天下，大道高明；治天下也如同治家，大德敦厚，故治家与治国是相通的。王船山所说的"正己齐家而忧社稷"①是修身、齐家最终目的的写照。自古儒者以正己正家而正世风，思路极其正确，可谓用心良苦，这也正是儒者的情怀和使命所在，大儒王船山亦是如此。

## 以孝为本，为国尽忠

王船山所处的那个时代，乃是明清鼎革之际，父子兄弟问题、个人生死问题、孝家忠国问题考验着所处其中的每一个人。

孝是好家风的根本。《孝经》言："夫孝，德之本也，教之所由生也。"王船山也言："一字为万字之本，识得此字，六经总括在内。一字者何？孝是也。如木有根，万紫千红，迎风笑日；骀荡春光，累垂秋实，都从此发去。"②可见，孝是一切道德的基础，是一切教化的出

---

① 〔明〕王夫之：《船山全书》第十册，岳麓书社2011年版，第190页。

② 〔明〕王夫之：《船山全书》第十五册，岳麓书社2011年版，第146页。

发点。《孝经》又言："夫孝，始于事亲，中于事君，终于立身。"孝从孝顺父母开始，继而效忠国家，最终以孝立身。王船山进一步言："人臣之义，忧国如家，性之节也；社稷之任在己而不可辞，道之任也。"①王船山认为忧国如家，负起社稷责任是由孝到忠之道。王氏家风以孝为本，由孝亲而忠国。王船山一生有几事足以说明其家忠孝之风。

明崇祯十六年（1643）冬，张献忠大军占领衡阳。不久，王船山父亲王朝聘被张献忠大军所抓。王朝聘被抓这件事直接考验着王家父子，父子伦理、君臣伦理一并涌现于一个士大夫家庭。张献忠政权抓王朝聘的目的就是引有功名的王船山兄弟出山，并以王氏父子之名招降、安抚地方。对于张氏政权而言，这是正常操作。然而，对于一个讲求忠孝节义的家庭来说，事关重大，涉及君臣、父子伦理。面对气节问题时，王船山父亲表现出了忠义之士最为真实的底色，说道："安能以七十老人，俯仰求活！"②

---

① 〔明〕王夫之：《船山全书》第十册，岳麓书社2011年版，第877页。
② 〔明〕王夫之：《船山全书》第十五册，岳麓书社2011年版，第222页。

意思是：我一个七十岁的老头了，为了活命，还会看你的脸色低头屈服吗？王朝聘明确告诉张氏政权，若逼迫则自裁。王朝聘的表现，正是一个父亲宁愿牺牲自己而保持后代忠义底色的生动映照。正如《孝经》所言："父子之道，天性也，君臣之义也。"在成就父子一伦时，也成就了君臣一伦。深受忠孝家风影响的王船山兄弟自然不愿意眼睁睁地看着父亲赴死，兄长王介之准备投潭一死以绝张氏政权搜罗名士的念头，从而挽救其父。王船山则自伤身体，到张献忠大营来换父亲。对这些举动，张氏政权无可奈何，也就放过了王家父子。此事足见王家父子均愿意以身殉难，求得忠孝节义。

还有一事，也足以证明王船山的忠国之情。康熙十七年（1678），吴三桂在衡阳登基前夕，派人找到王船山，命令"盛名为湖南之冠"的王船山为他做皇帝写《劝进表》，以造世人拥戴之声势。王船山虽然不仕清朝，但对于吴三桂这种因个人私利而反清的小人是深恶痛绝的。天下苍生苦战已久矣，国家已经容不得再乱。王船山不愿意看到天下大乱，不愿意为虎作伥，于是斥责来使说："我安能作此天不盖、地不载语耶！"①意思是我怎么会写这种天地不容的劝进表呢！使者无奈而去，王船山也赶紧逃入深山。他逃，并非怕吴三桂，而是不愿意白白送死，因为他还要看吴三桂如何灭亡，更重要的是他还要投身于中华文化继往开来、吐故纳新的巨大工程。王船山逃入深山后不久，写了一首《祓禊赋》。祓禊，古为"除恶之祭"。王船山以此为赋名，乃是对分裂国家、自私自利的吴三桂的讽刺。吴三桂造反被平定后，清政府认为王船山不写《劝进表》有功，于是派人送来米帛，王船山则"受米返帛"，毅然以明遗民自居，不愿违其忠孝素志。

一个真正的爱国忧民的人，不论朝代如何更替，都会受到世人的尊重。清代潘宗洛为王船山立传时，认为王船山是"明朝之遗臣""我朝之贞士"，这不仅是对王船山的评价，也是对一个忠孝世家的评价。可以说，忠孝传家是王船山世家最典型的家风特点。

---

① 〔明〕王夫之：《船山全书》第十六册，岳麓书社2011年版，第75页。

# 十一 左宗棠

## 『作一个有用之人』

左宗棠（1812—1885），字季高，谥文襄，号湘上农人，湖南湘阴人，与曾国藩、张之洞、李鸿章并称为"晚清中兴四大名臣"。左宗棠是湘军的主要统帅之一，他作为平定太平天国运动、洋务运动和收复新疆等重大历史事件的主要参与者，在中国近代史上写下了浓墨重彩的一笔。

左宗棠与妻周诒端有子四人：左孝威、左孝宽、左孝勋、左孝同。岳麓书社点校本《左宗棠全集》第十三、十五册收录了左宗棠写给夫人和儿子们的百余封家书，每一封都情真意切，集中反映出他以"做人"为核心的家风特点。

## "读书非为科名计，然非科名不能自养"

"读书非为科名计，然非科名不能自养"①，是左宗

---

① 〔清〕左宗棠：《左宗棠全集·家书·诗文》，岳麓书社2009年版，第6页。

棠写给侄儿左癸叟的一句话。意思是，读书不是为了考取科举功名，但没有科举功名在身的话，也很难养家糊口。咸丰六年（1856），左癸叟刚迎娶胡林翼（1812—1861）的妹妹胡同芝。此时，胡林翼已官至湖北巡抚，而左宗棠还在给湖南巡抚骆秉章当幕僚。这门婚事，左家显然有点儿"高攀"了。因此，左宗棠在信中告诫侄儿要认清读书与科举的关系，"当立志学作好人，苦心读书，以荷世业"①，承担起家庭的责任。

自隋唐时期建立科举制度以来，读书与科举的关系，就一直是人们经常探讨的话题，不少人痛斥科举，甚至要求废除科举。这是因为，科举有多方面的弊端：一方面，科举考试的内容比较程式化，缺乏思想性、实用性，对于理论创新与实践运用没有太大帮助。同时，每届录取的名额极其少，但参与科举考试的人非常多。例如清朝末年，每次参加乡试的考生有16万~18万人，仅5000~6000人能够成为举人，录取率在3%左右，参加会试的举人，仅300人左右能够成为进士，录取率在5%左右，很多人皓首穷经，

---

① 〔清〕左宗棠：《左宗棠全集·家书·诗文》，岳麓书社2009年版，第6页。

把一生都耗在科举考试上，对于考试之外的事物漠不关心，于社会发展不利。

在读书与科举的关系问题上，左宗棠的态度很有现实主义色彩。他除了和侄儿左癸叟说"读书非为科名计，然非科名不能自养"外，还在家书中告诫长子左孝威："汝父四十八九犹一举人，不数年位至督抚，亦何尝由进士出身耶？当其未作官时，亦何尝不为科第之学，亦何尝以会试为事。"①意思是：他从一个举人走上督抚的高位，并不是像其他地方大员那样，是通过进士出身获得的；但自己在没做官的时候，也不是不做科举的学问，只是不把考试当作学问的目标。

道光十二年（1832），二十岁的左宗棠成为举人后，先后参加了三次会试都没能考中，于是他果断放弃了仕途，回到湖南安心做个教书先生。直到太平天国起义爆发，咸丰二年（1852），四十岁的他接受湖南巡抚张亮基的聘请，才正式开始了建功立业的人生旅途。这样的经历使他更加坚信：读书不是为了考取科举功名，而是为了提

①〔清〕左宗棠：《左宗棠全集·家书·诗文》，岳麓书社2009年版，第79页。

高自身的道德、知识和技能，做一个对家庭、社会、国家有用的人。因此，他在家书中反复对子侄们说："我不望尔成个世俗之名，只要尔读书明理。"①"只要读书明理，讲求作人及经世有用之学，便是好儿子，不在科名也。"②意思是：我并不希望你辛苦去考取科举功名，只要你读书明理就够了；只要读书明理，学会如何为人处世，如何对社会国家有用，就是我的好孩子，有没有科举功名都不重要。

与此同时，左宗棠又要孩子们认真对待科举的学问："读书不为科名，然八股、试帖、小楷亦初学必由之道，岂有读书人家子弟八股、试帖、小楷事事不如人而得为佳子弟者？"③科举主要考查的书法和八股文章，他都很重视。

对于书法，左宗棠在家书中说："帖括之学亦无害

① 〔清〕左宗棠：《左宗棠全集·家书·诗文》，岳麓书社2009年版，第20页。
② 〔清〕左宗棠：《左宗棠全集·家书·诗文》，岳麓书社2009年版，第21页。
③ 〔清〕左宗棠：《左宗棠全集·家书·诗文》，岳麓书社2009年版，第27页。

于学问，且可藉此磨砻心性。"①他认为，一方面，科举
考试对书法水平有一定程度的要求，临摹字帖可以使自己
练成一手好字而符合科举要求；另一方面，字如其人，在
练字的过程中可以磨炼心性，由内而外，通过书法彰显个
性与品质。因此，他要求孩子们不定时把自己的临摹作业
寄给他，他在家书中给予指导。他指导儿子左孝威小楷、
行书的练习方法时说："小楷须寻古帖摹写，力求端秀，
下笔不可稍涉草率。行书有一定写法，不可乱写，未尝学
习即不必写，亦藏拙之一道也。程子云'即此是敬'，老
辈云'写字看人终身'，不可不知。"②还曾严厉批评左
孝威："尔从前读书只是一味草率，故穷年伏案而进境殊
少。即如写字，下笔时要如何详审方免谬误。〔昨来字，
醴陵之'醴'写作'澧'，何必之'必'写作'心'，岂
不可笑？年已十六，所诣如此，吾为尔惭。〕行书点画不
可信手乱来，既未学写，则端正作楷亦是藏拙之道，何为
如此潦草取厌？尔笔资原不差，从前写九宫格亦颇端秀，

---

① 〔清〕左宗棠：《左宗棠全集·家书·诗文》，岳麓书社2009
年版，第78页。
② 〔清〕左宗棠：《左宗棠全集·家书·诗文》，岳麓书社2009
年版，第40页。

乃小楷全无长进，间架笔法全似未曾学书之人，殊可怪也。直行要整，横行要密，今后切宜留心。每日取小楷帖摹写三百字，一字要看清点画间架，务求宛肖乃止。如果百日不间断，必有可观。程子作字最详审，云'即此是敬'，是一艺之微亦未可忽也。潦草即是不敬，虽小节必宜慎之。"①

对于八股文章，左宗棠并未否定它的意义。在他看来，一方面，会写八股文是考取科举功名的必备技能，要通过科举考试，必须熟练掌握八股文的写法；另一方面，八股文的背后有一套儒家的义理价值，没有对经典、史籍的熟练掌握，是作不出八股文的，而能作出好的八股文的人，一定对儒家的义理价值有十分深刻的认识。因此，他反对那些极端批判八股文的人，而告诉孩子们："八股文、排律诗，若要作得妥当，语语皆印心而出，亦一代可得几人？一人可得几篇乎？今之论者动谓人才之不及古昔由于八股误之，至以八股人才相诟病。"②八股文并非造

---

① 〔清〕左宗棠：《左宗棠全集·家书·诗文》，岳麓书社2009年版，第30页。
② 〔清〕左宗棠：《左宗棠全集·家书·诗文》，岳麓书社2009年版，第60页。

成人才缺乏的根本原因，真正会写八股文的人才"亦极不易得"，"真作八股者必体玩书理，时有几句圣贤话头留在口边究是不同也"。

## "立志向上，学作好人"

"立志向上，学作好人"[①]是左宗棠在同治七年（1868）写给左孝威，让他在家以此教导左氏子弟的一句话。七年前，左宗棠还在教导孝威："尔能立志作好人，弟辈自当效法，我可免一番挂念矣。"[②]这时，孝威22岁，已经成长为左家的顶梁柱。孝威是左宗棠的第一个儿子，出生时，左宗棠已经35岁。在那个早婚早育、平均寿命较短的时代，左宗棠算是"老来得子"，他对左孝威极其疼爱，但从未因此放低对儿子的要求。在家书中，他说："吾三十五岁始得尔，爱怜倍至，望尔为成人。"[③]

① 〔清〕左宗棠：《左宗棠全集·家书·诗文》，岳麓书社2009年版，第120页。
② 〔清〕左宗棠：《左宗棠全集·家书·诗文》，岳麓书社2009年版，第35页。
③ 〔清〕左宗棠：《左宗棠全集·家书·诗文》，岳麓书社2009年版，第120页。

所谓"成人"，就是立志向上、做个好人。

中国传统一直强调，读书学习是人生中最根本的一件事，因此《论语》开篇就说"学而时习之"，《荀子》开篇即《劝学》，突出读书学习的根本性作用。但是，读书学习的目的，并不是考上什么好的学校、找到什么好的工作、获得什么好的职位、赢取什么好的名声，而是做一个道德完善的人，因此《孟子》开篇就谈"义利之辨"，强调要把道德仁义放在第一位，不要事事都想着有没有什么好处。南宋时期，理学家陆九渊（1139—1193）甚至说："若某则不识一个字，亦须还我堂堂地做个人。"①即使不认识一个字，也要堂堂正正做个人。左宗棠也认为，"如果是品端学优之君子，即不得科第亦自尊贵"②，相比于科举功名，左宗棠更看重的，显然还是读书做人。

事实上，左宗棠要求孩子们认真对待科举考试，并不是鼓励他们去博取功名，而是借此督促他们读书学习，因为参加科举考试、写八股文是一种普遍的社会风气，

---

① 〔宋〕陆九渊：《陆九渊集》，钟哲点校，中华书局1980年版，第447页。
② 〔清〕左宗棠：《左宗棠全集·家书·诗文》，岳麓书社2009年版，第19页。

也是一种检验读书学习是否用功的有效方式，所以他强调："世俗之见方以子弟应试为有志上进，吾何必故持异论。"① "前因尔等不知好学，故尝以科名歆动尔，其实尔等能向学作好人，我岂望尔等科名哉……虽见尔近来力学远胜从前，然但想赴小试做秀才，志趣尚非远大。"② 就是说，大家都拿是否参加科举考试作为衡量子弟是否有上进心的标准，自己也没必要持反对意见，同时，没有科举功名的引诱和打击，子弟读书难以有十足强大的动力，所以左宗棠说："我欲尔等应考，不过欲尔等知此道辛苦，发愤读书。"③ "望子孙读书，不得不讲科名。"④ 他也只是因为子弟不认真读书学习，所以才拿科举功名来引诱、迫使他们去读书学习，其实并没有抱着任何他们考取科举功名的期望，只是希望个个都能真心向学，做个好

① 〔清〕左宗棠：《左宗棠全集·家书·诗文》，岳麓书社2009年版，第173—174页。
② 〔清〕左宗棠：《左宗棠全集·家书·诗文》，岳麓书社2009年版，第19页。
③ 〔清〕左宗棠：《左宗棠全集·家书·诗文》，岳麓书社2009年版，第48页。
④ 〔清〕左宗棠：《左宗棠全集·家书·诗文》，岳麓书社2009年版，第173页。

人，只是想考取科举功名的话，志向并不远大。

那么，什么是远大的志向呢？这就是左宗棠的"耕读务本之素志"①。左宗棠告诫长子孝威说："吾平生志在务本，耕读而外别无所尚。三试礼部，既无意仕进，时值危乱，乃以戎幕起家。厥后以不求闻达之人，上动天鉴，建节锡封，忝窃非分。嗣复以乙科入阁，在家世为未有之殊荣，在国家为特见之旷典，此岂天下拟议所能到？此生梦想所能期？子孙能学吾之耕读为业，务本为怀，吾心慰矣。若必谓功名事业高官显爵无忝乃祖，此岂可期必之事，亦岂数见之事哉？或且以科名为门户计，为利禄计，则并耕读务本之素志而忘之，是谓不肖矣！"②也就是说，他能够建功立业、获得高官显爵，只是一种偶然，不是一条其他人也能够复制的人生道路。事实上，他参加三次会试，均以失败告终，就已经无意入仕做官了，一生的志向只在于"务本"，亦即"耕读"。

"耕"不是说亲自下地劳作，而是保持艰苦朴素。

---

①〔清〕左宗棠：《左宗棠全集·家书·诗文》，岳麓书社2009年版，第173页。
②〔清〕左宗棠：《左宗棠全集·家书·诗文》，岳麓书社2009年版，第173页。

左宗棠在咸丰十一年（1861）对孝威说："家中除尔母药饵、先生饮馔外，一切均从简省，断不可浪用，致失寒素之风，启汰侈之渐。惜福之道，保家之道也。"[1]他要求孝威节俭持家，杜绝奢侈，保持寒素家风。

"读"就是读书做人。"读书作人，先要立志。想古来圣贤豪杰是我者般年纪时是何气象？是何学问？是何才干？我现才那（哪）一件可以比他？想父母送我读书、延师训课是何志愿？是何意思？我那一件可以对父母？看同时一辈人，父母常背后夸赞者是何好样？斥詈者是何坏样？好样要学，坏样断不可学。心中要想个明白，立定主意，念念要学好，事事要学好。自己坏样一概猛省猛改，断不许少有回护，断不可因循苟且，务期与古时圣贤豪杰少小时志气一般，方可慰父母之心，免被他人耻笑。"[2]以圣贤豪杰、优秀人物为榜样，不是泛泛而论，而是要认真发掘他们身上的种种优点，以此对照自身，学习他们的优点，改正自身的缺点。立下了志向，就要坚定不移、持

①〔清〕左宗棠：《左宗棠全集·家书·诗文》，岳麓书社2009年版，第26页。
②〔清〕左宗棠：《左宗棠全集·家书·诗文》，岳麓书社2009年版，第10页。

之以恒，不能心猿意马、三心二意，因此他又强调说："志患不立，尤患不坚。偶然听一段好话，听一件好事，亦知歆动羡慕，当时亦说我要与他一样。不过几日几时，此念就不知如何销歇去了，此是尔志不坚，还由不能立志之故。如果一心向上，有何事业不能做成？"①要维持志向不改移，还应"勤苦力学"，所谓："为子弟者以寡交游、绝谐谑为第一要务，不可稍涉高兴，稍露矜肆。其源头仍在'勤苦力学'四字，勤苦则奢淫之念不禁自无，力学则游惰之念不禁自无，而学业人品乃可与寒素相等矣。尔在诸子中年稍长，性识颇易于开悟，故我望尔自勉以勉诸弟也。"②立下读书学习的志向，要甘于寂寞，有"板凳要坐十年冷"的觉悟，不被外在的声色犬马所引诱，专心致志地读书学习，因此左宗棠不仅要求孝威勤苦力学、自我勉励，还要他以此勉励左氏子弟，通过勤苦力学"成人"。

---

① 〔清〕左宗棠：《左宗棠全集·家书·诗文》，岳麓书社2009年版，第10页。
② 〔清〕左宗棠：《左宗棠全集·家书·诗文》，岳麓书社2009年版，第92页。

## "轰轰烈烈作一个有用之人"

"轰轰烈烈作一个有用之人"①是左宗棠在同治三年（1864）写给孝威的一句话。这一年，孝威18岁，已考取举人功名，准备参加会试，试图再得贡生功名。孝威的想法是"俟得科第后再读有用之书"②，这是一种"仕而优则学"的实践路径，计划着先取得科举功名之后，再去钻研对社会国家有用的学问。尽管在终极目的上，孝威与其父一致，都是要做一个对社会国家有用的好人，但是左宗棠指出，孝威这是犯了双重错误。

一方面，孝威割裂了科举与读书的关系。左宗棠说："科第之学本无与于事业，然欲求有以取科第之具，则正自不易，非熟读经史必不能通达事理，非潜心玩索必不能体认入微……今之作者但知涂泽敷衍，揣摩腔调，并不讲题中实理虚神、题解题分、章法股法，与僧众诵经念佛何异？如是而求人才出其中，其可得哉？儿从师学时俗八股

---

① 〔清〕左宗棠：《左宗棠全集·家书·诗文》，岳麓书社2009
  年版，第79页。
② 〔清〕左宗棠：《左宗棠全集·家书·诗文》，岳麓书社2009
  年版，第82页。

尚未有成，遽望以此弋取科第，所见差矣。"①"只如八股一种，若作得精切妥惬亦极不易。非多读经书，博其义理之趣，多看经世有用之书，求诸事物之理，亦不能言之当于人心也。"②这也就是说，科举之学本身对社会国家事业没什么帮助，但既然参加科举考试是不能避免的，那就要找到能够顺利通过科举考试的工具，这个工具就是"熟读经史"和"潜心玩索"，即在熟读成诵的基础上，深入理解经史典籍中的义理价值，将之贯彻于八股文章中，充实内涵、提升格局。他很清楚"要作几篇好八股殊不容易"，如果没有大量读书、仔细推敲和深入理解，八股文章是作不好的。

另一方面，孝威割裂了读书学习和经世致用的关系。左宗棠说："尔欲为有用之学，岂可不读书？欲轰轰烈烈作一个有用之人，岂必定由科第……今尔欲急赴会试以博科名，欲幸得科名以便为有用之学，视读书致用为两事，

---

① 〔清〕左宗棠：《左宗棠全集·家书·诗文》，岳麓书社2009年版，第81—82页。
② 〔清〕左宗棠：《左宗棠全集·家书·诗文》，岳麓书社2009年版，第78—79页。

吾所不解也。"①换言之，经世致用以读书学习为基础，读书学习以经世致用为归宿。"至谓'俟得科第后再读有用之书'，然则从前所读何书？将来更读何书耶？如果能熟精传注，则由此以窥圣贤蕴奥亦复非难。不然，则书自书，人自人，八股自八股，学问自学问，科第不可必得，而学业迄无所成，岂不可惜？"②读书本就要读具有经世致用功能的经史典籍，这是一以贯之的事情，而不分科举前后。强行以科举为限，把读书学习与经世致用割裂，无法掌握经世致用这一核心价值，难以将之运用于为人处世和八股文章的写作中，终将在科举和学业两头都无所成。

因此，左宗棠反复对孝威说："读书能令人心旷神怡，聪明强固，盖义理悦心之效也。若徒然信口诵读而无得于心，如和尚念经一般，不但毫无意趣，且久坐伤血，久读伤气，于身体有损。徒然揣摩时尚腔调而不求之于理，如戏子演戏一般，上台是忠臣孝子，下台仍一贱汉。且描摹刻画，勾心斗角，徒耗心神，尤于身体有损。近来时事日坏，

---

① 〔清〕左宗棠：《左宗棠全集·家书·诗文》，岳麓书社2009年版，第79页。
② 〔清〕左宗棠：《左宗棠全集·家书·诗文》，岳麓书社2009年版，第82页。

都由人才不佳。人才之少，由于专心做时下科名之学者多，留心本原之学者少。……读书要循序渐进，熟读深思，务在从容涵泳以博其义理之趣，不可只做苟且草率工夫。"①就是要孝威"留心本原之学"，"本原之学"就是儒家的"内圣外王"之学，亦即在读书学习的基础上，提高自身的道德、知识和技能，从而能够在家庭、社会、国家的事业中干出一番成绩。也正因如此，左宗棠还叮嘱孝威："尔此后且专意读书，暂勿入世为是。古人经济学问都在萧闲寂寞中练习出来。积之既久，一旦事权到手，随时举而措之，有一二桩大节目事办得妥当，便足名世。目今人称之为才子、为名士、为佳公子，皆谀词，不足信。即令真是才子、名士、佳公子，亦极无足取耳。识之。"②即要他耐得住寂寞，暂时不要急于入世当官，而是进一步积累、充实、提高自己，做好充分的"内圣"准备。这样，等机会到来时，才能真正干出轰轰烈烈的"外王"事业。

总之，左宗棠的家风，以立志读书、做一个对家国

① 〔清〕左宗棠：《左宗棠全集·家书·诗文》，岳麓书社2009年版，第19—20页。
② 〔清〕左宗棠：《左宗棠全集·家书·诗文》，岳麓书社2009年版，第92页。

天下有用的好人为导向。他向侄儿强调："既读圣贤书，必先求识字。所谓识字者，非仅如近世汉学云云也。识得一字即行一字，方是善学。终日读书，而所行不逮一村农野夫，乃能言之鹦鹉耳。纵能掇巍科、跻通显，于世何益？于家何益？非惟无益，且有害也。"①意思是说：读古代圣贤传下来的经典著作，必须要先认识字，认识字不是说像近代汉学家说的那样，只弄清楚字的意思就行了，而是认识一个字，就践行一个字，这才是真正会读书的人。从早到晚读书不停，但为人处世还不如农村老百姓，这样的读书人，不过只是个会学人说话的鹦鹉罢了，即使他们在科举考试中名列前茅，从此高官厚禄、名声远播，但对于家庭、社会、国家也没有什么贡献和意义。

左宗棠的家风，就是在强调，读书的关键在于实践中的运用。虽然"有用"在程度上有大小，但在价值上则无高低。正是在这种家风的熏陶下，左宗棠的子孙后代尽管没有像他那样取得高官显爵，但都在各自领域卓然而立，左氏家族绵延昌盛至今。

①〔清〕左宗棠：《左宗棠全集·家书·诗文》，岳麓书社2009年版，第6页。

# 十二

## 『黎氏八骏』

『孝悌传家根本，诗书传世文章』

　　世居于湖南湘潭中路铺长塘组的黎氏家族，是近代中国最耀眼的文化世家之一，从这里走出的黎锦熙、黎锦晖、黎锦曜、黎锦纾、黎锦炯、黎锦明、黎锦光、黎锦扬兄弟八人，被誉为"黎氏八骏"，他们皆在各自的领域成就斐然，声誉卓著。

　　老大黎锦熙，为著名的语言学家、教育家、文字改革家，享有"汉语注音之父"的美誉，也是毛泽东在湖南四师、一师求学时的老师；老二黎锦晖，为著名的音乐家，中国新歌剧、通俗歌曲、儿童歌舞剧的开拓者，中国流行音乐的奠基人，创作的《桃花江是美人窝》《毛毛雨》等歌曲广为流传；老三黎锦曜，为著名的采矿专家；老四黎锦纾，为著名的教育家，曾任湖南省教育局局长、人民教育出版社副总编辑；老五黎锦炯，为著名的铁路和桥梁专家，是中国北方第一座铁路大桥——滦河大桥的设计者；老六黎锦明，为著名的作家；老七黎锦光，为作曲家，其作品《夜来香》曾唱遍亚洲；老八黎锦扬，为著名的美籍华裔作家，以英文写作打入西方文坛。在他们的后辈中，亦涌现出诸多专业人才。黎氏家族，一门俊杰，与其良好的家风家训的熏陶密不可分。

## "学不可废，读书为第一"

"学不可废，读书为第一。"这是"黎氏八骏"的祖父黎世绶写下的家训。黎世绶，字葆堂，清光绪十四年（1888）举人，曾担任清朝山西盐运使，生平好学，嗜藏书，有《古文雅正》等著作传世。黎世绶之子黎培銮，号松庵，又名德恂，少承家学，曾中秀才，但生性不喜举业，爱好吟咏诗词及书法篆刻。

黎培銮虽无意功名，但对子弟的教育十分重视。他曾变卖部分家产，在家乡创办了杉溪学校，教授黎氏兄妹及乡邻戚友子女。在晚清"西风东渐"的特殊时代，黎培銮没有墨守成规，而是趋时更新，在教育上强调中西并重。学校不仅开设了汉赋、元曲等传统课程，还专门聘请了西学老师，开设格致、算术、乐歌、书法、绘画等新课程。黎锦晖回忆自己早年的教育经历时说道："三岁入家塾读经，八岁开始作经义、史论和诗词，十岁曾参加科举考试，同时与友人学习英文和算术，于十二岁考入'昭潭高小'……离开家庭住宿于学校。"[1]

同时，黎培銮还十分尊重孩子们的个性，允许他们根据各自的兴趣自由发展。黎锦明幼年对学习四书五经等传统文化课程不感兴趣，经常在课堂上打瞌睡。由于板凳太高，一次，他不慎从凳子上摔下来伤了头。黎培銮不仅没有责怪他不好好读书，反而反思学堂的教育是不是太过枯燥。黎培銮一方面改革传统私塾教育，请有新思想的老师开设现代化教学课程；另一方面又鼓励黎氏子弟进入新式学校，接受现代化的教育和新技能的训练，有的子弟甚至留学海外，远赴美、德、苏等国深造。这种中西合璧、自由开放的学风氛围，让黎氏子弟扎下了深厚的传统文化根基，培养了他们求知探索、自由创新的精神，让他们得以充分发掘自身的才华。黎氏子弟博采众长，借鉴古今中外的优秀成果，在各自从事的领域都取得了突破和创新。

良好的家庭教育培养了黎氏子弟对知识、文化的热爱与尊重，勤奋好学、求知若渴，也成了黎氏子弟终身践

[1] 政协湘潭市委员会文史资料研究委员会、湘潭黎锦晖艺术馆编：《湘潭文史》第11辑，第1页。

行的良好家风。黎锦晖之子黎明康回忆："父亲学识渊博，不论语言文字、地理、历史、数学、外语、音乐、戏剧、美术还是种花、劳作、象棋、烹调……他都懂，但是他从不满足，仍'活到老，学到老'。自从他外出活动减少以后，家中订阅了大量报刊杂志。他时刻关心国内外一切大事。"①即便在艰难动荡的岁月中，黎氏子弟亦坚守信念，初心不改。"文化大革命"中，红卫兵横扫所谓的"封、资、修"文化时，作为铁路和桥梁专家，黎锦炯被视作"学术权威"首当其冲。造反派命令他将除了毛泽东、马克思、恩格斯、列宁和鲁迅等伟人的几种著作外，所有书籍全部烧掉或上交。迫于压力，他翻检着收藏的大批外文和中文书籍，几次想毁掉。他翻一本，摇摇头，摆进书柜里，再翻一本，又摇摇头，又摆进书柜里，最后一本书也无法舍弃。他坐在沙发上，两眼发直地看着叠满书籍的书柜，有时可以一动不动地呆坐一两个小时，连烟都忘了吸，最后还是偷偷地将各种书籍一本未丢地留下，

---

①黎遂：《民国风华——我的父亲黎锦晖》，团结出版社2011年版，第198页。

打包藏匿起来。[①]在那个特殊年代，自身安危尚且难以保障，黎锦炯却甘愿冒风险保存大量书籍，可见，对知识文化的尊重早已浸透进黎氏子弟的血液中。

## "吾辈读书、做官，总求无日不以百姓为心"

千里做官只为财，千里读书只为官。在许多人看来，读书只是获取功名、求得荣华富贵的手段。黎氏家族却与众不同，将读书视作"立德"之基、安身立命之本。黎世绥给后代阐明了读书的功用："敦人伦、存节义、守礼法、尚廉耻，皆由于读书。"深受儒家仁学影响的黎培銮，更是常对儿女们说："一个人不能只独善其身，还要兼济天下。"他创办的杉溪学校，就不仅仅教育自己的子女，乡里的子弟皆可入学。黎培銮曾自制写字本，其规格比16开的纸张尺寸稍长、稍宽，有半寸厚。一本本写好后，他就分送给村里的穷苦小孩，要他们照着去练字，并对这些小孩说："字是叩门槌咧。"因而，村里流传着一

---

① 康化夷：《湘潭黎氏家风家训》，湖南人民出版社2022年版，第69—70页。

本本"黎氏字帖"。①

　　黎锦晖在回忆录中写道："我的父亲是秀才，一直秉承'乐善''睦邻'的家教，对于本乡民众感情十分融洽。"②黎家人在为人处世、待人接物上温和善良。黎培銮曾叮嘱家中上下，对待叫花子要坚持做到"三不要"：一不要放狗咬叫花子；二不要给叫花子脸色看；三不要让叫花子空走一转，一定要打发。他总是说："叫花子造孽咧，我们吃得饱的人，总要想想没有吃的人。"③

　　黎氏家族积德行善，始终怀着悲天悯人之心，竭尽所能地帮助穷苦百姓。黎锦熙就资助了不少学生读书。一个叫贾培诚的校外学生，在河北一个偏僻的乡村小学以教书为生，常年靠老师笔授。他有时到北京面授，就住在黎家。在黎锦熙的特殊辅导和资助下，贾培诚完成了百余万字的《结构字典》的写作。二十世纪二三十年代，黎锦晖

①彭文忠：《湖南历代文化世家·湘潭黎氏卷》，湖南人民出版社2010年版，第31页。
②政协湘潭市委员会文史资料研究委员会、湘潭黎锦晖艺术馆编：《湘潭文史》第11辑，第1页。
③彭文忠：《湖南历代文化世家·湘潭黎氏卷》，湖南人民出版社2010年版，第29页。

从上海回乡探亲，总是免费放映无声电影给村民看，帮助村民认识外面的世界。新中国成立后，被鲁迅称为"湘中作家"的黎锦明，由于脑病多在家乡居住，一家人靠政府每月发放的60多元补助维持生计，说不上宽裕。但他体恤商贩的辛苦，每次去市集赶场，总会购买一些商贩卖不掉的东西，如发硬的蒿子粑粑、快烂的南瓜、老了的茭瓜、发芽的芋头婆子等。有一次他赶场回家，走路十分吃力，两条裤管鼓鼓的。原来，是商贩卖不掉的咸鱼，全被他买了回来，没有篮子盛装，他只好想了这个"笨"办法。妻子哭笑不得，黎锦明却不以为意，振振有词地说："人家卖不掉我不买怎么办，人家也要吃饭吧。"①

## "国家兴盛衰亡，人人有责"

黎氏家族严私德、守公德、明大德，具有强烈的家国情怀。甲午战争时，黎培銮常言："位卑未敢忘忧国。"他曾在当地文人的结社集会上声泪俱下地疾呼："国家兴

---

①彭文忠：《湖南历代文化世家·湘潭黎氏卷》，湖南人民出版社2010年版，第32—33页。

盛衰亡，人人有责。从军卫国是一途，鼓励子女学习中西文化科学的'教育救国'亦是一途。"抗日战争爆发后，黎培銮常写家书鼓励子女抗日。齐白石曾作画褒扬黎培銮的德行：一为《钟馗戮怪》，喻其"居隐、律己教人，大得正途"；一为《铁拐李》，喻其"不图名利，将来毋得为游仙乎"。黎培銮的爱国言行极大地影响了黎氏兄弟。晚清时期，西方列强侵略，为挽救民族危亡、振兴中华，社会上掀起了实业救国的热潮，黎氏八兄弟中的老大黎锦熙、老二黎锦晖、老四黎锦纾、老七黎锦光也受其影响，都选择了铁路、采矿、机械等专业。黎锦熙十七岁考入北京铁路专修科，后因学校毁于一场大火，回家乡又考入湖南优级师范史地部。黎锦晖二十岁考入长沙铁道学堂，一学期后转入长沙高等师范学校学习音乐。黎锦纾二十二岁就读于湖南省高等工业学校，后留学德国才改学教育专业。即便他们后来从事文教艺术事业，但也与"经世致用"的思想密切相连。

抵抗日本侵略时期，黎氏兄弟也表现出了崇高的民族气节。1922年，黎锦晖创立了"明月音乐会"，人们又将其称为"明月社"。1930年，明月社北上，在清华大学等北平各高校巡演，取得很大成功。随后又在华北、东北地区进行了为期两个月的公演，在全国范围内产生了广泛影响，红极一时。在大连演出时，曾有日本东京戏剧界人士邀请他们去日本演出，但黎锦晖断然拒绝。抗战期间，黎锦晖撰写了《我是中国人》《中国威力无穷》《农民抗战曲》《全民抗战歌》等多首广为传唱的抗战歌曲。黎锦炯曾在京奉铁路局工作，当桥梁工厂的部分工人被日本宪兵队逮捕时，他挺身而出，要求保释被捕工人。工人保释了出来，黎锦炯却被日军以"通共嫌疑"罪逮捕，遭到严刑拷打。出狱后，黎锦炯携妻儿到北平，在北京大学工学院当教授。北平沦陷后，全家的生活非常艰难，黎锦炯又经常需通宵准备讲义，妻子因交不起电费，连结婚戒指都典当了。困难之际，黎锦炯在唐山交大时的同学、时任日伪华北政府建设总督办殷同，带着委任状找上门来，开出了十分"诱人"的条件——只拿"干薪"不上班，薪金超过教授许多倍。黎锦炯当着殷同的面将委任状撕毁，并把这个当"汉奸"的老同学轰出大门。1945年抗战胜利后不久，他在党组织的保护下，到了晋察冀边区首府张家口。此后，他一直紧紧跟随着党的步伐前进，最终成了一名光荣的共产党员。新中国成立时，黎锦熙作为近代爱国民主运动的参与者和支持者，受中国共产党之邀参加了开国大典。

# 主要参考文献

## 上 篇

### 一、毛泽东：重情执理　伟人风范

1.中共中央文献研究室编：《毛泽东书信选集》，中央文献出版社2003年版。

2.毛泽东：《毛泽东选集》，人民出版社1991年版。

3.中共中央文献研究室编：《毛泽东年谱（1949—1976）》，中央文献出版社2013年版。

4.马玉卿主编：《毛泽东和他的百位亲属》，陕西人民教育出版社、陕西人民出版社1998年版。

5.逢先知、金冲及编：《毛泽东传（1949—1976）》，中央文献出版社2003年版。

### 二、刘少奇："丝毫不搞特殊化"

1.刘振德：《我为少奇当秘书》（增订本），王春明整理，中央文献出版社1998年版。

2.周文姬主编：《从工运领袖到共和国主席——忆刘

少奇》，岳麓书社1998年版。

3．刘爱琴：《我的父亲刘少奇》，辽宁人民出版社2001年版。

### 三、任弼时：崇文尚学 言传身教 以严治家

1．中共中央文献研究室编：《任弼时传》（修订本），中央文献出版社2004年版。

2．中共中央文献研究室编：《任弼时书信选集》，中央文献出版社2014年版。

3．任远志：《我的父亲任弼时》，辽宁人民出版社2007年版。

4．任继宁：《我的爷爷任弼时》，中央文献出版社2007年版。

### 四、胡耀邦：两袖清风　赤子情怀

1．满妹：《思念依然无尽——回忆父亲胡耀邦》，北京出版社2005年版。

2．高茵颖：《胡耀邦铁面办家事》，《领导之友》2016年第18期。

3．梁俊英：《胡耀邦：两袖清风赤子心》，《党史纵览》2015年第11期。

4．胡厚坤：《胡耀邦家风二三事》，《毛泽东研究》2015年第5期。

5. 余振魁：《胡耀邦的两个外甥》，《湘潮》2008年第10期。

## 五、林伯渠："做人民的勤务员"

1. 林伯渠文集编辑组：《林伯渠文集》，华艺出版社1996年版。

2. 林伯渠：《林伯渠日记》，湖南人民出版社1984年版。

3. 中共临澧县委编：《怀念林伯渠同志》，湖南人民出版社1986年版。

## 六、谢觉哉：用纪律规范亲情

1. 谢觉哉：《谢觉哉杂文选》，人民文学出版社1980年版。

2. 谢觉哉：《谢觉哉日记》，人民出版社1984年版。

3. 谢觉哉：《谢觉哉家书》，谢飞编选，生活书店出版有限公司2015年版。

4. 马连儒：《谢觉哉评传》，湖南人民出版社1989年版。

## 七、陶铸："心底无私天地宽"

1. 陶斯亮：《心底无私的好父亲》，《党建》2018年第12期。

2.《陶铸文集》编辑委员会编:《陶铸文集》，人民出版社1987年版。

3. 郑笑枫、舒玲:《陶铸传》，中共党史出版社2008年版。

4. 曾志:《百战归来认此身：曾志回忆录》，人民文学出版社2011年版。

5. 陶斯亮:《一封终于发出的信——给我的爸爸陶铸》，《时代报告》2016年第8期。

# 下 篇

## 八、舜帝：仁爱至孝　以德化人

1. 张泽槐:《舜帝与舜帝陵》，中国文史出版社2006年版。

2. 九疑山舜文化研究会编:《舜德千秋》，海南出版社2001年版。

3. 欧利生编著:《九疑山舜帝陵》，方志出版社2008年版。

## 九、胡安国："思远大之业"

1.曾枣庄、刘琳主编:《全宋文》第一四六册，上海辞书出版社、安徽教育出版社2006年版。

2.〔宋〕胡寅：《斐然集·崇正辩》，岳麓书社2009年版。

3.〔宋〕胡宏：《胡宏集》，中华书局1987年版。

## 十、王船山：正己齐家而忧社稷

1.〔明〕王夫之：《船山全书》第十五册，岳麓书社2011年版。

2.朱迪光：《船山思想与社会主义核心价值观研究》，中国社会科学出版社2017年版。

## 十一、左宗棠："作一个有用之人"

1.〔清〕左宗棠：《左宗棠全集·家书·诗文》，岳麓书社2009年版。

2.罗正钧：《左宗棠年谱》，岳麓书社1982年版。

3.秦翰才：《左宗棠全传》，中华书局2016年版。

## 十二、"黎氏八骏"："孝悌传家根本，诗书传世文章"

1.彭文忠：《湖南历代文化世家·湘潭黎氏卷》，湖南人民出版社2010年版。

2.康化夷：《湘潭黎氏家风家训》，湖南人民出版社2022年版。

**图书在版编目（CIP）数据**

湖湘好家风 / 湖南省湘学研究院主编. — 长沙：
湖南人民出版社, 2024. 12. — ISBN 978-7-5561-3443-4

Ⅰ. B823.1

中国国家版本馆CIP数据核字第2024JG2076号

HUXIANG HAO JIAFENG

**湖湘好家风**

| | |
|---|---|
| 主　　编 | 湖南省湘学研究院 |
| 责任编辑 | 黎红霞　张　伟 |
| 装帧设计 | 周诚恩 |
| 责任校对 | 唐水兰 |
| 责任印制 | 肖　晖 |

| | |
|---|---|
| 出版发行 | 湖南人民出版社［http://www.hnppp.com］ |
| 地　　址 | 长沙市营盘东路3号 |
| 邮　　编 | 410005 |
| 经　　销 | 湖南省新华书店 |

| | |
|---|---|
| 印　　刷 | 湖南贝特尔印务有限公司 |
| 版　　次 | 2024年12月第1版 |
| 印　　次 | 2024年12月第1次印刷 |
| 开　　本 | 880 mm × 1240 mm　1/32 |
| 印　　张 | 5.875 |
| 字　　数 | 98千字 |
| 书　　号 | ISBN 978-7-5561-3443-4 |
| 定　　价 | 48.00 元 |

营销电话：0731-82221529　　（如发现印装质量问题请与出版社调换）